D1750153

Produktorientierte Bewertung der Einsatzmöglichkeiten

innovativer Technologien

Von der
Fakultät für Maschinenwesen der
Rheinisch-Westfälischen Technischen Hochschule Aachen
zur Erlangung des akademischen Grades eines
Doktors der Ingenieurwissenschaften
genehmigte Dissertation

vorgelegt von
Diplom-Ingenieur Diplom-Kaufmann Markus Adams
aus Köln

Referent: Univ.-Prof. Dr.-Ing. Dipl.-Wirt.Ing. Dr.techn. h.c. (N) W. Eversheim
Korreferent: Prof. Dr.-Ing. Dipl.-Wirt.Ing. G. Schuh

Tag der mündlichen Prüfung: 18.11.1995
D 82 (Diss. RWTH Aachen)

© by privus Verlag Ernst Hüffmeier, Spinozastraße 5, 30625 Hannover
Gesamtherstellung: Offizin Koechert, Hannover
Printed in Germany 1996
ISBN 3 - 926000 - 09 - 0

Vorwort

Die vorliegende Arbeit entstand neben meiner Tätigkeit als wissenschaftlicher Mitarbeiter am Fraunhofer-Institut für Produktionstechnologie in Aachen.

Herrn Professor Walter Eversheim, dem Leiter der Abteilung Planung und Organisation am oben genannten Institut und Inhaber des Lehrstuhls für Produktionssystematik am Laboratorium für Werkzeugmaschinen und Betriebslehre der Rheinisch-Westfälischen Technischen Hochschule Aachen, danke ich sehr für die Gelegenheit zur Promotion. Seine wohlwollende Unterstützung und die mir gewährten Freiräume ermöglichten die Durchführung dieser Arbeit. Ebenso danke ich Herrn Professor Günther Schuh für die Übernahme des Korreferates und die eingehende Durchsicht der Dissertation.

Weiterhin gilt mein Dank allen Freunden sowie Mitarbeitern des Institutes, die mich durch ihre persönliche Einsatz- und Hilfsbereitschaft unterstützt haben. Insbesondere möchte ich Dr. Uwe Böhlke, Markus Müller, Dr. Roland Schmetz und Dr. Stefan Seng für die Unterstützung in den verschiedenen Phasen der Entstehung dieser Arbeit, für die permanente Bereitschaft zur Diskussion und die daraus resultierenden Anregungen danken. Mein Dank gilt ebenso Tanju Celiker, Hans-Joachim Herfurth und László Rozsnoki, die durch die ausführliche Diskussion technologischer Detailprobleme den praktischen Teil der Arbeit erst ermöglicht haben. Besonderer Dank gilt Dr. Egbert Steinfatt, der durch seine freundschaftliche Unterstützung und stete Gesprächsbereitschaft wesentlich zum Gelingen der Arbeit beigetragen hat. Frau Ursula Paulsdorff danke ich für die Rezension der Dissertation.

Ermöglicht wurde diese Arbeit jedoch erst durch die unermüdliche Unterstützung meiner "Hiwis" und Diplomanden Ralf Juppe, Jens-Uwe Heitsch, Matthias Friedrich, Frederic Lüder, Matthias Peus, Christoph Weiligmann und Andreas Wüllner, denen ich ebenfalls meinen Dank ausspreche.

In ganz besonderem Maße danke ich Antje, die durch ihre liebevolle Unterstützung und ihr Verständnis wesentliche Voraussetzungen für diese Arbeit geschaffen hat.

Meinen Eltern danke ich dafür, daß sie durch ihre weitsichtigen Anregungen die Basis für meinen akademischen Werdegang geschaffen und mich auf meinem Lebensweg jederzeit unterstützt haben.

Markus Adams, Aachen im November 1995

I. Inhaltsverzeichnis

I. Inhaltsverzeichnis VII

II. Verzeichnis der Abkürzungen IX

1. Einleitung 1
   1.1 Aufgabenstellung 1
   1.2 Zielsetzung und Vorgehensweise 4

2. Bewertung der Einsatzmöglichkeiten innovativer Technologien 7
   2.1 Eingrenzung des Betrachtungsbereiches und grundlegende
       Begriffsdefinition 7
   2.2 Darstellung des Einflusses des Technologieeinsatzes auf
       Produktkosten und -erlöse 16
   2.3 Ableitung des Handlungsbedarfes 21
   2.4 Fazit: Grundlagen 25

3. Analyse und Modellbildung zur produktorientierten Technologiebewertung 27
   3.1 Ableitung der Anforderungen 27
   3.2 Analyse und Auswahl bestehender Ansätze zur Bewertung
       der Einsatzmöglichkeiten innovativer Technologien 32
       3.2.1 Bestehende Ansätze zur Technologiebewertung 33
       3.2.2 Bestehende Ansätze zur Produkt- und Produktionsbewertung ... 40
             3.2.2.1 Methoden der strategischen Unternehmensplanung
                     als Bewertungsmaßstab 46
             3.2.2.2 Kosten als Bewertungsmaßstab 48
             3.2.2.3 Wertanalytische Methoden als Bewertungsmaßstab ... 50
             3.2.2.4 Multivariate Analysemethoden als Bewertungsmaßstab ... 51
             3.2.2.5 Präferenzanalysen als Bewertungsmaßstab .. 55
   3.3 Aufbau einer allgemeinen Vorgehensweise zur Bewertung
       der Einsatzmöglichkeiten innovativer Technologien 60
   3.4 Spezifizierung der Methode zur Bewertung der Einsatzmöglichkeiten
       innovativer Technologien vor dem Hintergrund der direkten Anwendung ... 64
   3.5 Aufbau der Methode und Integration in die Vorgehensweise
       zur Technologiebewertung 66
   3.6 Fazit: Grobkonzept 68

4. Methode zur integrierten Bewertung von Produkteigenschaften und Einsatzmöglichkeiten innovativer Technologien ... 70

4.1 Bestimmung des Einflusses der innovativen Technologie   70
    4.1.1 Betrachtung der Eingangsgrößen   70
    4.1.2 Betrachtung der Ausgangsgrößen   80
        4.1.2.1 Identifikation produktbeschreibender Attribute   82
        4.1.2.2 Bestimmung des Einflusses der Technologie   86
4.2 Klassifizierung der Technologie-Produkt-Kombination   91
    4.2.1 Das Quadrantenmodell zur qualitativen Beurteilung   91
    4.2.2 Variation der Anwendung   93
4.3 Quantitative Bewertung des Produktes   97
    4.3.1 Die Conjoint-Analyse zur Bewertung von Produkten   97
    4.3.2 Experimentelles Design und Methoden der Datenerfassung   100
    4.3.3 Vorgehensweisen zur Verringerung der Anzahl fiktiver Produkte im experimentellen Design   102
    4.3.4 Berechnungsverfahren zur Conjoint-Analyse   105
    4.3.5 Aggregations- und Simulationsverfahren der Conjoint-Analyse   108
4.4 Bewertung der Einsatzmöglichkeiten innovativer Technologien vor dem Hintergrund erreichbarer Produkteigenschaften   110
4.5 Fazit: Detailkonzept   112

5. Fallbeispiel ... 114
5.1 Analyse der Einsatzmöglichkeiten   114
5.2 Bewertung verschiedener Anwendungen   117
5.3 Fazit: Fallbeispiel   124

6. Zusammenfassung ... 126

7. Verzeichnis der verwendeten Literatur ... 129

8. Anhang ... 147

II. Verzeichnis der Abkürzungen

ACA	Adaptive Conjoint Analysis
AHP	Analytical Hierachy Process
ANOVA	Analysis of Variance
Aufl.	Auflage
Bd.	Band
bez.	bezüglich
bspw.	beispielsweise
BImSchG	Bundes-Immissionsschutzgesetz
bzw.	beziehungsweise
CAM	Computer Aided Manufacturing
cm	Controller Magazin
d. h.	das heißt
DIN	Deutsches Institut für Normung e. V.
erg.	ergänzt
erw.	erweitert
F & E	Forschung und Entwicklung
f.	folgende
FB/IE	Fortschrittliche Betriebsführung und Industrial Engineering
ff.	fort folgende
Fortschr.-Ber.	Fortschritts-Berichte
GuV	Gewinn- und Verlustrechnung
GWA	Gemeinkostenwertanalyse
i. d. R.	in der Regel
Ifo	Institut für Wirtschaftsforschung e.V.
io	industrielle Organisation
krp	Kostenrechnungspraxis
lat.	lateinisch
LINMAP	Linear Programming Techniques for Multidimensional Analysis of Preference
	holistischer Alternativenvergleich
LISREL	Linear Structural Relationship
MADM	Multiple Attribute Decision Making
MDS	Multidimensionale Skalierung
Mrd.	Milliarden
Nachdr.	Nachdruck
NAGUS	Normenausschuß Grundlagen des Umweltschutzes im DIN
neubearb.	neubearbeitet

o. V.	ohne Verfasser
OLS	Ordinary Least Squares [vgl. Mullet, 1986, S. 286]
p. a.	pro anno
PIMS	Profit Impact of Market Strategy
QFD	Quality Function Deployment
RHB	Roh-, Hilfs- und Betriebsstoffe
RWTH	Rheinisch-Westfälische Technische Hochschule
s.	siehe
S.	Seite
SFB	Sonderforschungsbereich
sog.	sogenannt
SPSS	Superior Performing Software Systems
TA	Technische Anleitung
TPK	Technologie-Produkt-Kombination
u.	und
u. a.	und andere
u. U.	unter Umständen
überarb.	überarbeitet
usw.	und so weiter
VDI	Verein Deutscher Ingenieure e. V.
VDI-Z	Zeitschrift für integrierte Produktionstechnik
vgl.	vergleiche
Vol.	Volume
vollst.	vollständig
WIG	Wolfram-Inertgasschweißen
WiST	Wirtschaftswissenschaftliches Studium Zeitschrift für Ausbildung und Hochschulkontakt
z. B.	zum Beispiel
ZfB	Zeitschrift für Betriebswirtschaft
zfbf	Schmalenbachs Zeitschrift für betriebswirtschaftliche Forschung
zfo	Zeitschrift Führung + Organisation

1. Einleitung

1.1 Aufgabenstellung

Der Einsatz der "richtigen" Technologie ist ebenso wie der richtige Einsatz der Technologie eine wesentliche Voraussetzung zur Verwirklichung der grundsätzlichen Unternehmensziele Gewinnmaximierung und Existenzsicherung. Dieses gilt insbesondere in Zeiten konjunktureller Schwäche. "Kunden, die in Phasen der Prosperität noch die individuelle, hochautomatisierte Sonderlösung favorisiert hatten, monierten jetzt ein Over-Engineering" [Fill, 1994, S. 24].

Die Gründe wachsender Technologiebedeutung (s. **Bild 1.1**) sind in geänderten Marktbedingungen [vgl. z. B. Zahn, 1990, S. 52 ff.; Steinfatt, 1990, S. 3; Servatius, 1991, S. 3], in der Notwendigkeit des schonenden Einsatzes von Ressourcen [vgl. Böhlke, 1994, S. 3 ff.] und den Möglichkeiten, die aus dem technischen Fortschritt folgen, zu sehen. Wesentliche Konsequenzen in den Unternehmen sind reduzierte finanzielle Spielräume. Daraus folgt der Zwang, den Ressourcenverzehr beim Einsatz von Technologien zu minimieren und die Möglichkeiten zu berücksichtigen, die erst aus dem Einsatz innovativer Technologien folgen, wenn konventionelle Technologien an Grenzen stoßen [vgl. Foster, 1986, S. 28 ff.; Sommerlatte, 1985, S. 5 f.; Perlitz, 1985, S. 424 ff.].

Schon 1911 belegte Schumpeter den Einsatz innovativer Technologien als Grundlage des Unternehmenserfolges [vgl. Schumpeter, 1964, S. 116 ff.]. Doch "nicht alles, was neu ist, honoriert der Markt" [Zahn, 1990, S. 50] und die Auswahl der Technologie erhält entscheidende Bedeutung nicht nur für die Wettbewerbssituation sondern u. U. sogar für die weitere Existenz des Unternehmens. Denn mit der Entscheidung für eine Technologie sind nicht nur finanzielle Unternehmensressourcen durch die mit Ausgaben in technische Systeme verbundenen Investitionen i. d. R. irreversibel gebunden [vgl. Steinfatt, 1990, S. 3; Wildemann, 1987, S. 1 f.], sondern auch Managementkapazitäten für alternative Tätigkeiten blockiert.

Die Abschätzung der aus dem Einsatz innovativer Technologien resultierenden Chancen ist häufig durch globale Aussagen gekennzeichnet, die sich primär auf die technischen Möglichkeiten beziehen, ohne die marktseitigen Restriktionen genügend in die Entscheidungsfindung einzubeziehen. Die Folge ist, daß Anzahl und Umfang tatsächlicher Einsatzfälle innovativer Technologien oft deutlich hinter den Prognosen zurückbleiben. Bereits seit Jahren werden beispielsweise für Laseranwendungen große Wachstumsraten bescheinigt. So wurde in einer 1989 von der Prognos AG ver-

Wettbewerbssituation
- Internationalisierung des Wettbewerbs
- kurze Produktlebenszyklen
- wachsende Kundenanforderungen
-

- Reduzierung finanzieller Spielräume
- ressourcenoptimale Technologieauswahl
- Berücksichtigung innovativer Technologien
-

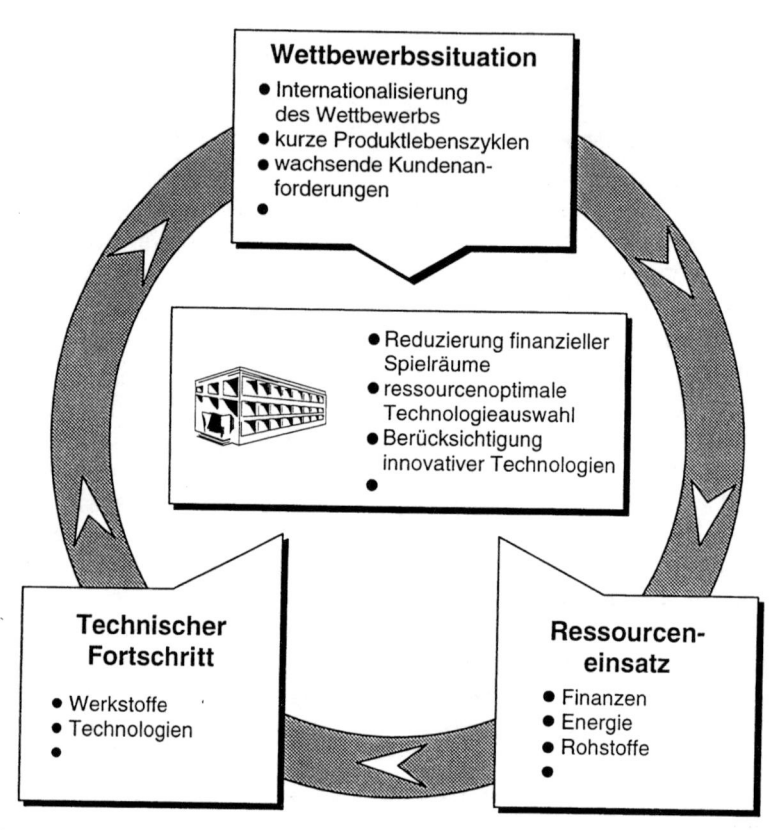

Technischer Fortschritt
- Werkstoffe
- Technologien
-

Ressourceneinsatz
- Finanzen
- Energie
- Rohstoffe
-

Bild 1.1: Ausgangssituation

öffentlichten Studie der Weltmarkt für Laserquellen mit 1,585 Mrd. DM für dasselbe Jahr beziffert [vgl. o. V., 1993 c, S. 26]. Darüber hinaus wurden Wachstumsraten von mehr als 15 % jährlich vorausgesagt. 1991 standen dann jedoch einem theoretischen Marktvolumen von rund 2,1 Mrd. DM tatsächlich nur 1,7 Mrd. DM gegenüber [vgl. o. V., 1993 c, S. 26]. Gegenüber einer Wachstumsprognose von mehr als 15 % p. a. waren nicht einmal 4 % Wachstum zu verzeichnen. Abgesehen von der Ungenauigkeit derartiger Prognosen ist der Wert ihrer Aussage bezogen auf mögliche Einsatzfelder in einem konkreten Fall äußerst gering.

Zur Beurteilung des Vorteils, der aus einer bestimmten technologischen Anwendung resultiert, sind Aussagen über technologische Möglichkeiten oder Wachstumspotentiale vollkommen ungeeignet. Die Betrachtung muß also auf die Anwendung, d. h. auf ein konkretes Produkt bezogen sein.

In der Vergangenheit wurden Technologien vielfach lediglich unter ökonomischen Gesichtspunkten beurteilt, d. h. es wurde verglichen, ob bez. eines definierten Produktes ein Kostenvorteil im Rahmen der Fertigung darstellbar ist oder nicht (Input- oder prozessualorientierte Bewertung).

Die Entscheidungssituation für den Einsatz einer Technologie ist immer dann trivial, wenn Produktinnovationen erst durch die Technologie möglich werden oder mit dem Einsatz Kostenvorteile gegenüber bestehenden oder alternativen Lösungen bei gleichbleibenden oder sogar verbesserten Produkteigenschaften erzielbar sind. Vielfach ist jedoch mit dem Einsatz einer innovativen Technologie zunächst dieser Kostenvorteil nicht zu realisieren, die Fertigungskosten durch den Einsatz der innovativen Technologie sind zunächst höher. Die Technologie kommt folglich nicht zum Einsatz.

In diesen Fällen ist jedoch auch zu berücksichtigen, ob das Produkt qualitativ durch den Technologiewechsel verbessert (Output- oder ergebnisorientierte Bewertung) und somit der Technologiewechsel wirtschaftlich wird, d. h. der Quotient bewerteter Ausgangs- und Eingangsgrößen durch eine qualitative Steigerung des Produktionsergebnisses (Output) vergrößert werden kann.

Selbst bei innovativen Technologien, bei denen technologische Unsicherheiten zu erwarten sind, ist das Entscheidungsproblem durch wirtschaftliche Größen determiniert [vgl. Eversheim, 1992 b, S. 100 f.]. Dieses wird durch eine Umfrage des Ifo-Institutes für Wirtschaftsforschung aus dem Jahr 1990 deutlich, in der wirtschaftliche Gründe als primäres Argument gegen den Einsatz der Lasertechnologie vorgebracht werden [vgl. Reinhard, 1990, S. 52 ff.]. Fragen der technischen Machbarkeit stehen nicht im Vordergrund.

Um die Einsatzmöglichkeiten innovativer Technologien abschätzen zu können, reicht folglich die Betrachtung der prozessualen Größen (Input), d. h. der Technologie und der damit verbundenen Ressourceneinsätze, nicht aus. Die Berücksichtigung des Ergebnisses (Output) ist unverzichtbar. Die Abschätzung der Potentiale, d. h. der Möglichkeiten zur Veränderung der Relation zwischen prozessualen und ergebnisorientierten Größen (Input-Output-Relation) [vgl. Servatius, 1991, S. 33], die mit dem Einsatz insbesondere innovativer Technologien verbunden sind, ist eine große Herausforderung im Rahmen der Technologieplanung.

Die Analyse des Ergebnisses, d. h. des erzeugten Produktes, und die Berücksichtigung der Anforderungen der Produktverwender, sind zur Beurteilung des Vorteils wesentlich, der durch den Technologieeinsatz entsteht. Die Technologie kann nur das Mittel zum Zweck sein, der erst über bedarfsorientierte Produkte erreicht wird.

Diese Betrachtung des Produktes und die unter marktbezogenen Aspekten sinnvolle Produktdefinition wird heute häufig dem Marketing überlassen, d. h. einem Unternehmensbereich, in dem i. d. R. zu wenige Informationen über die technischen Möglichkeiten bestehen, die aus den technologischen Randbedingungen (insbesondere den innovativen Technologien) resultieren. Demgegenüber wird die Auswahl der Technologie zur Fertigung der Produkte an Stellen festgelegt, an denen über die Anforderungen potentieller Käufer an das Produkt häufig keine oder nur geringe Kenntnisse vorliegen.

Diese Konstellation führt dazu, daß in vielen Fällen die ausgewählte Technologie und die daraus resultierenden Produkteigenschaften nicht optimal mit den Anforderungen der Kunden übereinstimmen. Nach einer Untersuchung von Arthur D. Little weisen bis zu 80 % der neu eingeführten Produkte Abweichungen hinsichtlich der Erfüllung der Kundenwünsche auf [vgl. Tilby, 1988, S. 93 f.].

Hinzu kommt, daß die marktseitigen Unsicherheiten, bspw. hinsichtlich absetzbarer Produktmengen und erzielbarer Produktpreise, besonders dann groß sind, wenn die Einsatzfälle nicht auf die Situationen beschränkt bleiben sollen, in denen aus dem Einsatz innovativer Technologien bei unverändertem Produkt "nur" Wettbewerbsvorteile über Kostenvorteile ableitbar sind.

Zur Bewertung der Einsatzmöglichkeiten von Technologien im allgemeinen und innovativen Technologien im besonderen ist folglich die gekoppelte Bewertung von den Produkteigenschaften und den durch die Technologie verursachten Ressourceneinsätzen erforderlich. Praktikable Vorgehensweisen zur systematischen Bewertung von Produkteigenschaften vor dem Hintergrund der eingesetzten Technologie bestehen bisher jedoch noch nicht.

1.2 Zielsetzung und Vorgehensweise

Bei den überwiegend prozessualen Bewertungsansätzen für Technologien steht die Betrachtung unternehmensinterner Vorteile im Vordergrund. Aufgrund derartiger Betrachtungen sind die Einsatzmöglichkeiten innovativer Technologien beschränkt, wenn mit ihrem Einsatz keine Kostenvorteile verbunden sind (s. **Bild 1.2**). Möglichkeiten, die aufgrund des augenblicklichen technischen Fortschritts realisierbar wären, werden nicht genutzt, denn vielfach sind mit innovativen Technologien Vorteile verbunden, die erst im Rahmen einer ergebnisorientierten Betrachtung deutlich werden, die auf die Bewertung erzielbarer Produkteigenschaften bezogen ist.

Kapitel 1 — Einleitung

IST-Situation	Bewertungsansätze	Konsequenz
Wettbewerbsvorteile durch innovative Technologien	• Reduktion auf Kostenvorteile • Begrenzung auf interne Wertkette • Beschränkung auf Technologieeigenschaften	**Mögliche Einsatzfälle innovativer Technologien ungenutzt**

Methode zur integrierten Bewertung von Technologie und Produkt

Zielsetzung	Bewertungsansätze	Konsequenz
Wettbewerbsvorteile durch Betrachtung von Technologie und Produkt	• Zusätzliche Berücksichtigung von Produktvariationen • Integration von interner und externer Wertkette • Bewertung von Technologieeigenschaften und Produktattributen	**Erschließung weiterer Einsatzfälle**

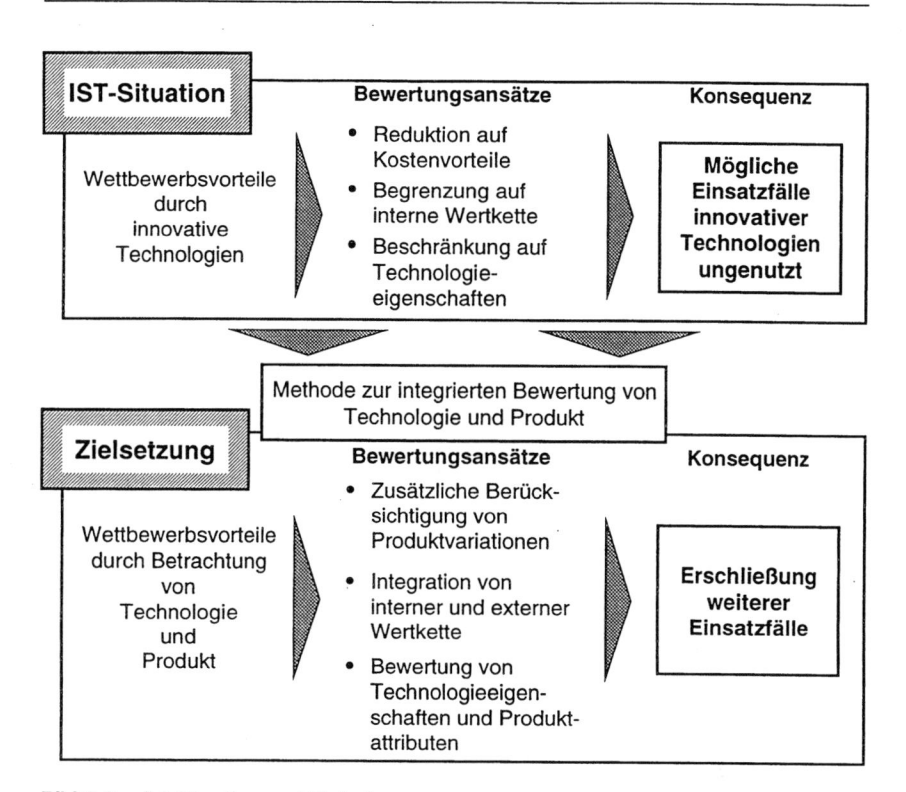

Bild 1.2: Ist-Situation und Zielsetzung

Ziel dieser Arbeit ist daher die Entwicklung einer Methode, bei der durch eine integrierte Betrachtung, d. h. die gleichzeitige Berücksichtigung prozessualer (z. B. Kosten) und ergebnisorientierter Aspekte (z. B. Erlöse), die Bewertung innovativer Technologien vor dem Hintergrund konkreter Anwendungen unterstützt wird. Durch diese gleichzeitige Betrachtung ist der Vorteil von Technologieanwendungen in Fällen abbildbar, in denen keine direkten Kostenvorteile bestehen. Die Erschließung weiterer Einsatzfälle wird möglich.

Die grundsätzliche Vorgehensweise und Gliederung der Arbeit ist in **Bild 1.3** abgebildet. Nach einer Darstellung der Grundlagen zur Bewertung der Einsatzmöglichkeiten innovativer Technologien werden bestehende Ansätze beschrieben, die zur Technologie-, Produktions- und Produktbewertung existieren. Anschließend wird das Modell entwickelt, welches eine integrierte Berücksichtigung prozessualer und ergebnisorientierter Auswirkungen des Technologieeinsatzes unterstützt.

```
┌─────────────────────────────────────────────────────────────────┐
│ Einleitung                                                      │
└─────────────────────────────────────────────────────────────────┘
          │
          ▼
┌──────────────────────────────────┐      ┌──────────────────────────┐
│ Grundlagen zur Bewertung von     │ ───▶ │ • Begriffsdefinition     │
│ Einsatzmöglichkeiten innovativer │      │ • Stand der Forschung    │
│ Technologien                     │      │ • Handlungsbedarf        │
└──────────────────────────────────┘      └──────────────────────────┘
┌──────────────────────────────────┐      ┌──────────────────────────┐
│ Systematische Ermittlung von     │ ───▶ │ • Technologiebewertung   │
│ Lösungsansätzen                  │      │ • Produktionsbewertung   │
│                                  │      │ • Produktbewertung       │
└──────────────────────────────────┘      └──────────────────────────┘
┌──────────────────────────────────┐      ┌──────────────────────────┐
│ Analyse und Modellbildung        │ ───▶ │ • Grundlagen             │
│                                  │      │ • Modellbestandteile     │
│                                  │      │ • Integration            │
└──────────────────────────────────┘      └──────────────────────────┘
┌──────────────────────────────────┐      ┌──────────────────────────┐
│ Detaillierung der Methodik       │ ───▶ │ • Abbildung des          │
│                                  │      │   Technologieeinflusses  │
│                                  │      │ • Methode zur Bewertung  │
└──────────────────────────────────┘      └──────────────────────────┘
┌──────────────────────────────────┐      ┌──────────────────────────┐
│ Verifizierung der Methodik       │ ───▶ │ • Fallbeispiel           │
└──────────────────────────────────┘      └──────────────────────────┘
┌──────────────────────────────────┐
│ Zusammenfassung                  │
└──────────────────────────────────┘
```

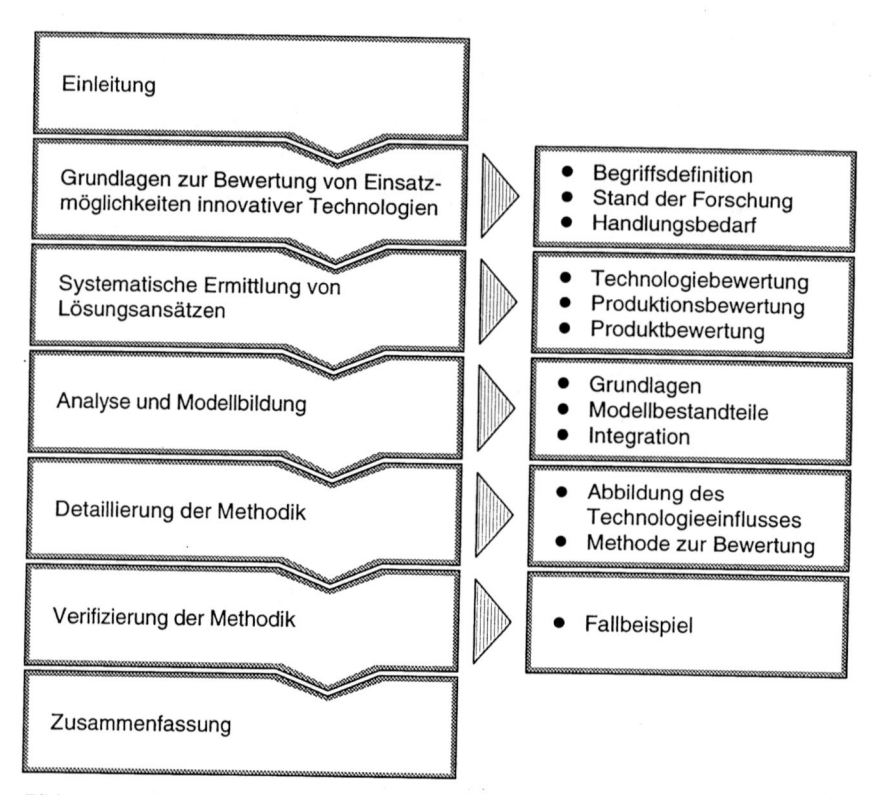

Bild 1.3: Aufbau der Arbeit

Diese methodische Vorgehensweise wird im anschließenden Kapitel inhaltlich ausgearbeitet. Darüber hinaus wird die Integration der Methode in den Zusammenhang der gesamten Technologiebewertung vorgenommen. Anschließend werden die Anwendbarkeit der Methodik verifiziert und die Einsatzmöglichkeiten an einem Fallbeispiel dargestellt.

Um ein einheitliches Verständnis wesentlicher in der Arbeit verwendeter Termini sicherzustellen, sind grundlegende Begriffe in einem Glossar im Anhang zusammengefaßt. Besonderer Wert wurde auf die Zusammenführung der im Text verwendeten deutschen Übersetzungen mit angelsächsischen Begriffen gelegt, für die in vielen Fällen keine allgemein akzeptierten Übersetzungen vorliegen und bei denen die entsprechenden deutschen Vokabeln mit einem anderen Sinn belegt sind. Auf eine vorhandene Erläuterung im Glossar ist im Text durch *kursive Schreibweise* der Begriffe bei ihrer erstmaligen Verwendung hingewiesen.

2. Bewertung der Einsatzmöglichkeiten innovativer Technologien

Zielsetzung dieses Kapitels ist es, die Einflußmöglichkeiten auf das Produkt abzubilden, die aus einer Variation der Technologie resultieren. Insbesondere werden dabei sog. innovative Technologien berücksichtigt, da deren Einsatz sowohl mit besonderen Chancen aber auch mit ebensolchen Risiken verbunden ist.

Bei der Analyse bestehender Aussagen zur Betrachtung von Einsatzmöglichkeiten innovativer Technologien ist die Verwirrung offensichtlich, die bei der Verwendung grundlegender Begriffe (wie z. B. der Begriffe Technologie, innovative Technologie, usw.) herrscht. Daher werden diese voneinander abgegrenzt, um eine einheitliche Basis für das Verständnis der nachfolgenden Ausführungen zu schaffen. Die Technologie dient dabei als Mittel zum Zweck der Produktherstellung. Deshalb wird ausgehend von einer Definition des Technologiebegriffes das Produkt näher spezifiziert. Der weitreichende Produktbegriff wird dabei hinsichtlich der zugrundeliegenden Betrachtungen konkretisiert. Darüber hinaus sind weitere für die vorliegende Arbeit bedeutsame Begriffe im Glossar des Anhangs näher bestimmt.

Auf diesen Definitionen aufbauend werden die verschiedenen Einflußmöglichkeiten auf die Wertschöpfung durch die Variation der Technologie dargestellt und die Betrachtungsbereiche im Rahmen der vorliegenden Arbeit abgegrenzt.

2.1 Eingrenzung des Betrachtungsbereiches und grundlegende Begriffsdefinition

Der Schwerpunkt der Untersuchungen liegt in der Betrachtung sog. innovativer Technologien [vgl. Schmetz, 1992, S. 5 f., Steinfatt, 1990, S. 10 ff.]. Der Begriff der Technologie wird in der Literatur nicht einheitlich verwendet [vgl. bspw. auch Wolfrum, 1991, S. 3 ff.]. Ursprünglich ist er vom griechischen Terminus technikós, kunstfertig, handwerksmäßig, abgeleitet:

> "Er beinhaltet ... die Verfahren ... eines einzelnen ingenieurwissenschaftlichen Gebiets oder eines bestimmten Fertigungsablaufs sowie ferner den technologischen Prozeß, d. h. die Gesamtheit der zur Gewinnung und Bearbeitung von Stoffen notwendigen produktionstechnischen Vorgänge einschließlich der Arbeitsmittel, Werkzeuge, Arbeitsorganisation usw." [o. V., 1993 a, Bd. 19, S. 680]

Darüber hinaus wird mit dem Begriff Technologie auch die Gesamtheit technischer Kenntnisse, Fähigkeiten und Möglichkeiten sowie das technische Wissen eines Gebietes bezeichnet. Diese Begriffsbelegung ist gleichbedeutend mit dem Begriff Technik [vgl. ebenda].

Andere Autoren verstehen unter der Technologie das Wissen über naturwissenschaftliche Zusammenhänge und bezeichnen die konkrete Anwendung als Technik [vgl. z. B. Brockhoff, 1994, S. 22 ff.; Perillieux, 1987, S. 11 f.]. In der vorliegenden Arbeit werden die Begriffe jedoch synonym verwendet.

In der Literatur wird der Begriff der Technologie unterschiedlich klassifiziert [vgl. z. B. Servatius, 1985, S. 273; Perillieux, 1987, S. 11 ff.; Wolfrum, 1991, S. 3 ff.]. In **Bild 2.1** sind verschiedene Interpretationsansätze dargestellt. Abhängig von der Auswirkung des Technologieeinflusses auf die Produktion von Gütern oder auf die effiziente Gestaltung des Produktionsprozesses werden Produkt- und Produktionsprozeß- oder Verfahrenstechnologien unterschieden [vgl. Wolfrum, 1991, S. 14].

In anderen Abgrenzungen wird zwischen Querschnitts- und spezifischen Technologien differenziert. Unterscheidendes Kriterium ist die Einsatzfähigkeit einer Technologie zur Problemlösung. Querschnittstechnologien dienen als Ausgangsbasis für viele Problemlösungen, während spezifische Technologien zur konkreten Problemlösung erforderlich sind [vgl. Servatius, 1985, S. 273 f.].

Bei einer Gliederung der Technologien entsprechend ihrer wettbewerbsorientierten Bedeutung wird bei A. D. Little eine Unterscheidung in Basis-, Schlüssel- und Schrittmachertechnologien vorgenommen [vgl. Sommerlatte, 1985, S. 49 ff.]. Dabei sind Basistechnologien durch allgemeine Verfügbarkeit und abnehmende Bedeutung bei der Erlangung von Wettbewerbsvorteilen gekennzeichnet. In der Beherrschung von sog. Schlüsseltechnologien wird das unternehmensspezifische Know-how gesehen, während Schrittmachertechnologien als potentielle Schlüsseltechnologien der Zukunft hinsichtlich der Erlangung von Wettbewerbsvorteilen noch zu bestätigen sind. Sie sind, bezogen auf die Technologielebenszykluskurve, in einem frühen Entwicklungsstadium anzusiedeln [vgl. Wolfrum, 1991, S. 15].

Inhaltlich korreliert mit der letztgenannten Einordnung die potentialorientierte Gliederung der Technologien, bei der das entscheidende Kriterium die generelle Einsetzbarkeit zur Realisierung von Wettbewerbsvorteilen ist. So gilt in Europa bspw. der zentrale Dampfantrieb mit Transmissionsriemen als unter anderem durch dezentrale Antriebe verdrängte Technologie.

Kapitel 2　　Einsatzmöglichkeiten innovativer Technologien　　- 9 -

Funktionale Klassifizierungen		Anwendungsorientierte Klassifizierungen	
• wirtschaftliche Herstellung von Produkten	Produkt-Technologien	Querschnitts-Technologien	• Basis für andere Technologien • Relevanz für mehrere Anwender
• effiziente Gestaltung von Verfahren	Verfahrens-Technologien	spezifische Technologien	• häufig branchenspezifisch • Grundlage partieller Wettbewerbsvorteile

Technologie

• allgemein verfügbar • vielfach eingesetzt	Basis-Technologien	Verdrängte Technologien	• elementare Lösungen • vielfach verdrängt
• beeinflussen Wettbewerbssituation • Grundlage für Wettbewerb	Schlüssel-Technologien	Etablierte Technologien	• hohe Verbreitung • begrenztes Entwicklungspotential
• geringe Verbreitung • hohes Entwicklungspotential • Entwicklung ungewiß	Schrittmacher-Technologien	Neue Technologien	• keine wirtschaftlichen Anwendungen • hohes Risiko
Wettbewerbsorientierte Klassifizierungen		Potentialorientierte Klassifizierungen	

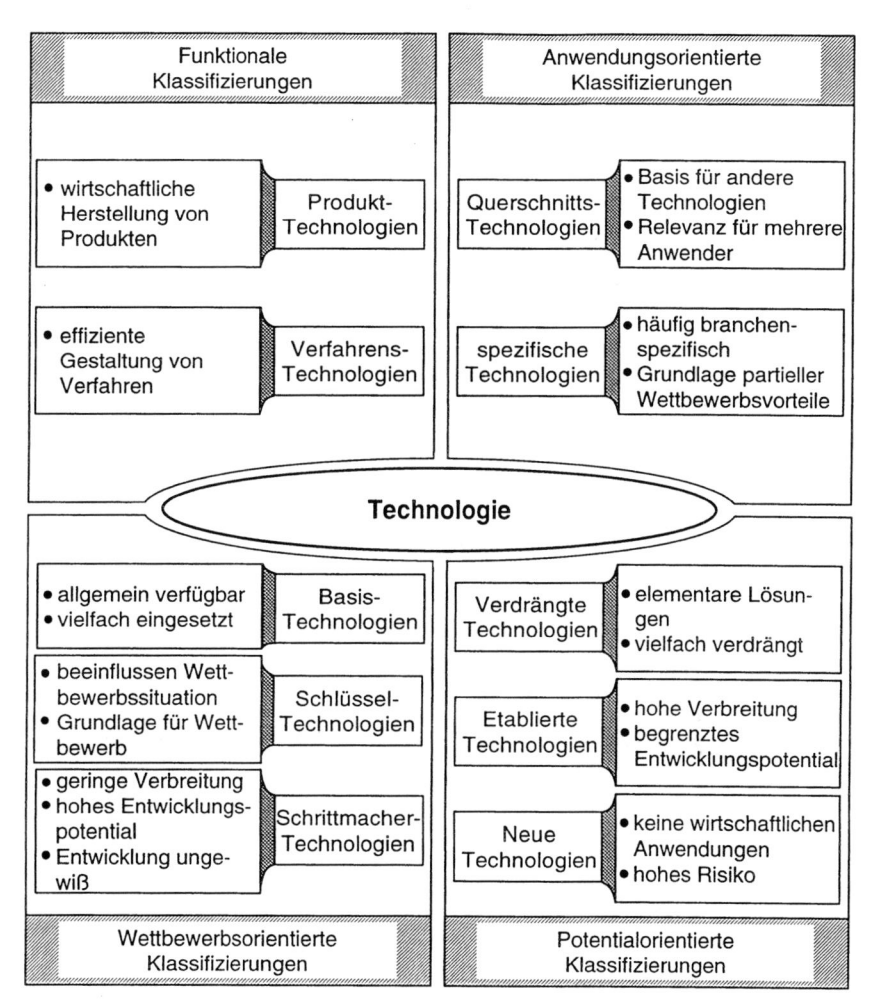

Bild 2.1:　Der Technologiebegriff [vgl. Servatius, 1985, S. 273; Perillieux, 1987, S. 11 ff.; Wolfrum, 1991, S. 3 ff.]

Aus den dargestellten unterschiedlichen Ansätzen, Technologien zu definieren, werden die möglichen unterschiedlichen Sichtweisen deutlich. Der Schwerpunkt der Ausführungen in der vorliegenden Arbeit liegt sowohl in der Betrachtung von Verfahrens- als auch von Produkttechnologien. Zusätzliche Berücksichtigung kommt den Werkstofftechnologien zu, da die Bewertung innovativer Werkstofftechnologien die gleichen Strukturen aufweist. Hier ist zu klären, inwieweit sich der Werkstoff auf das Produkt auswirkt und ob eine qualitative Verbesserung in einen erhöhten Preis umgewandelt werden kann.

Besonderes Interesse gilt innovativen Technologien. Daher ist als Einleitung zu einer Analyse dieser Technologien der Begriff der Innovation zu klären. Auch dieser Terminus unterliegt keinem einheitlichen Verständnis [vgl. Pfeiffer, 1980, S. 422; o. V., 1993 b, S. 1623 f.]. In seiner ursprünglichen lateinischen Bedeutung (lat. innovatio) werden unter Innovationen Erneuerungen verstanden [vgl. z. B. Perlitz, 1985, S. 425]. Ausführlich werden Innovationen von Steinfatt analysiert [vgl. Steinfatt, 1990, S. 10 ff.]. Er stellt dar, wie der Innovationsbegriff in unterschiedlichen Fachdisziplinen verstanden wird. Grundsätzliche Ausprägungen technischer Innovationen sind im **Bild 2.2** dargestellt.

Für die im Rahmen der vorliegenden Arbeit betrachtete Themenstellung sind primär technische Innovationen relevant, so daß auf die Betrachtung von bspw. Human- und biologischen Innovationen, die z. B. von Steinfatt [vgl. Steinfatt, 1990, S. 13 f.] und Schmetz [vgl. Schmetz, 1992, S. 5 f.] erläutert werden, verzichtet wird.

Bei der Betrachtung des Innovationsbegriffes ist zunächst zwischen einer Verwendung des Begriffes im Sinne eines Prozeßverständnisses von Innovationstätigkeiten und einer ergebnisorientierten Darstellung zu unterscheiden.

Für die Einordnung als Innovation sind demnach die im Bild dargestellten Dimensionen entscheidend. Von Innovationen wird immer dann gesprochen, wenn Produkte, Verfahren usw. gemäß folgender Dimensionen neu sind [vgl. Meffert, 1991, S. 365]:

- Subjektdimension,
  d. h. unter Berücksichtigung des Kenntnisstandes des Betrachters
- Zeitdimension
  d. h. unter Berücksichtigung der zeitlichen Entwicklung
- Intensitätsdimension
  d. h. unter Berücksichtigung des Neuheitsgrades.

Folgt man dieser Interpretation, so ist die Einschätzung "innovativ" einerseits subjektiv bestimmt, wenn der Kenntnisstand des Betrachters als Bezug verwendet wird und anderseits nicht eindeutig zu operationalisieren, wenn bspw. zu entscheiden ist, wie lange von innovativ zu reden ist.

Eine objektive Bewertung als Innovation wird bspw. bei der Erteilung von Patenten angestrebt. Dabei gilt der Stand der Technik als Maßstab. Innovativ ist etwas, daß deutlich über den Stand der Technik hinausgeht und auch für den Kundigen nicht ohne weiteres aus dem Stand der Technik abzuleiten ist [vgl. o. V., 1993 a, Bd. 16, S. 591].

Entstehung technischer Innovationen

Prozeßorientierte Betrachtung

Grundlagenforschung ▷ Kognition = Erkenntnis

technische Konzeption ▷ Invention = Erfindung

Realisation ▷ Innovation = Neuerung

Markteinführung ▷ Diffusion = Verbreitung

Ergebnisorientierte Betrachtung

Innovationsdimensionen

subjektive Innovationsdimension
- neu für den Betrachter

objektive Innovationsdimension
- absolut neu

zeitliche Innovationsdimension
- zeitlich begrenzt

Intensitätsdimension
- erforderlicher Neuheitsgrad

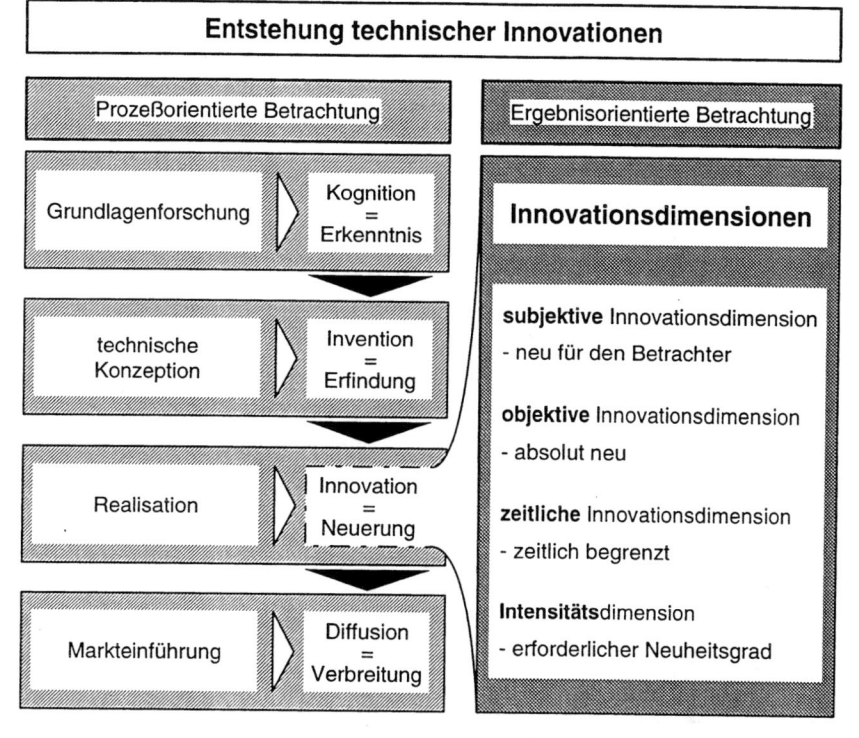

Bild 2.2: Der Innovationsbegriff [vgl. Meffert, 1991, S. 365; Steinfatt, 1990, S. 10 ff.; Wolfrum, 1991, S. 7 ff.]

Andere Autoren klassifizieren Innovationen generell entsprechend dem Neuigkeitsgrad. So wird bspw. von Barreyre zwischen radikalen Innovationen und Variationen unterschieden [vgl. Barreyre, zitiert in: Wolfrum, 1991, S. 9]. Darüber hinaus werden Differenzierungen gemäß dem Neuigkeitsgrad zwischen Basis-, Verbesserungs- und Routineinnovationen vorgenommen [vgl. Mensch, zitiert in: Wolfrum, 1991, S. 9]. Abgesehen davon, daß auch bei diesen Definitionen die Bezugsbasis der Klärung bedarf, sind diese Einstufungen, die sich auf die erzielten Wirkungen von Innovationen beziehen, nur ex post möglich [vgl. Wolfrum, 1991, S. 9].

Wesentlich für die Betrachtung im Rahmen dieser Arbeit ist die subjektive Einschätzung, denn charakteristisch für die Einordnung einer Technologie als innovativ sind Probleme, die bei ihrem Einsatz aus mangelnden Kenntnissen resultieren [vgl. Wildemann, 1986, S. 3].

Neben den Begriffen Technik und Innovation ist der Begriff des Produktes im Zusammenhang mit der vorliegenden Problemstellung nachfolgend genauer zu spezifizieren.

Eine verwenderorientierte Differenzierung verschiedener Produkte ist entsprechend der Darstellung in **Bild 2.3** möglich. Die im Bild gekennzeichneten kurz- und langlebigen Investitionsgüter bilden den Schwerpunkt der nachfolgenden Betrachtungen. Insbesondere ist die Abgrenzung der Investitionsgüter gegenüber den Konsumgütern von grundlegender Bedeutung. Die Differenzierung zwischen diesen Güterklassen über unterschiedliche Nachfrager (vgl. **Bild 2.4**) ist für die Produkte nicht eindeutig, die sowohl von privaten Haushalten als auch von Unternehmen nachgefragt werden. Diese Tatsache ist jedoch nicht störend, da industrielle Verwender durch ein von privaten Haushalten abweichendes Nachfragerverhalten geprägt werden, welches für die nachfolgenden Betrachtungen wesentlich ist. Darüber hinaus vorkommende Verhaltensweisen, die zusätzlich für andere Nachfrager existieren, sind für die hier vorliegenden Betrachtungen ohne Bedeutung.

Legende: ▭ : Betrachtungsbereich

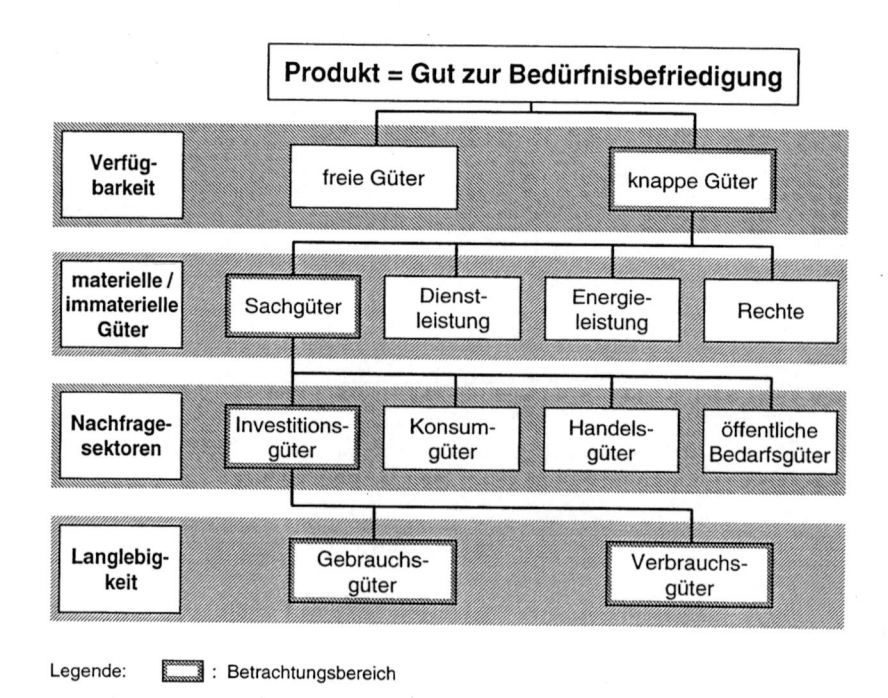

Bild 2.3: Produktklassifizierung [vgl. Koppelmann, 1993, S. 3; Steffenhagen, 1988, S. 25]

	Konsumgüter	Investitionsgüter
Nachfrager	private Konsumenten anonyme Konsumenten	Industriebetriebe Abnehmer oft bekannt
Nachfragerstruktur	große Zahl an Nachfragern	geringere Zahl von Nachfragern
Anbieter-Nachfrager-Beziehung	Interaktionsprozeß ist die Ausnahme	direkter Interaktions- und Verhandlungsprozeß
Kaufentscheidung	oft kurzfristig emotional bestimmt	oft langfristiger rational
Entscheidungsprozeß	hoher Anteil an Individualentscheidungen	Kollektiver und formalisierter Entscheidungsprozeß

Bild 2.4: Abgrenzung von Investitions- und Konsumgütern [vgl. Meffert, 1991, S. 40 ff.; Weiss, 1991, S. 346]

Zur Beschreibung von Produkten bestehen zwei grundsätzliche Sichtweisen (s. Bild 2.5). Einerseits können Produkte über ihre technische Ausführung, d. h. durch die Gesamtheit der technischen Eigenschaften, eindeutig bestimmt werden. Andererseits ist eine Beschreibung über die durch das Produkt realisierten *Funktionen* durchführbar. Dieser Gedanke ist an der Definition von Produkten als Träger von Funktionen oder Leistungen orientiert [vgl. Koppelmann, 1993, S. 231 ff.].

Werden der Beschreibung von Produkten technische Eigenschaften zugrunde gelegt, so kann eine mögliche Unterteilung in Produktklassen aufgrund dieser Eigenschaften vorgenommen werden. Technische Eigenschaften, die sich dafür besonders eignen und genutzt werden, sind Geometrie und Werkstoff. Die Geometrie eines Produktes ist über Daten wie Abmessung, Volumen und Toleranz und an Hand einer Konstruktionszeichnung zu beschreiben. Ein identifizierter Werkstoff wird durch Zugfestigkeit, E-Modul, Dichte, Betriebseigenschaften, Zerspanbarkeit etc. charakterisiert.

Eine derartige Beschreibung von Produkten kann durchaus noch weiter differenziert werden [vgl. Brockhoff, 1993, S. 156 ff.], ist aber im Zusammenhang mit der hier betrachteten Problematik nicht relevant. Die Beschreibung an Hand technischer Merkmale ist allein auf ein vorhandenes Produkt ausgerichtet und somit für die hier thematisierte Problematik ungeeignet.

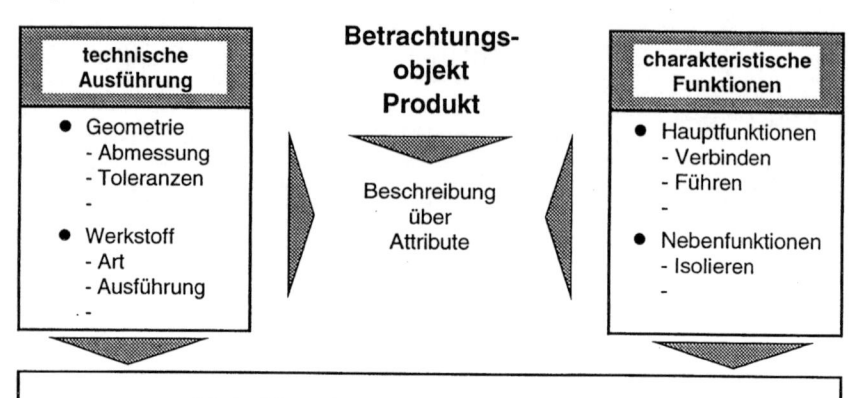

```
┌─────────────────┐      Betrachtungs-        ┌─────────────────┐
│   technische    │         objekt            │ charakteristische│
│   Ausführung    │         Produkt           │    Funktionen    │
├─────────────────┤                           ├─────────────────┤
│ • Geometrie     │                           │ • Hauptfunktionen│
│   - Abmessung   │       Beschreibung        │   - Verbinden    │
│   - Toleranzen  │           über            │   - Führen       │
│                 │         Attribute         │                  │
│ • Werkstoff     │                           │ • Nebenfunktionen│
│   - Art         │                           │   - Isolieren    │
│   - Ausführung  │                           │                  │
└─────────────────┘                           └─────────────────┘
```

Ziel: Charakterisierung des Produktes

Bild 2.5: Charakterisierung von Produkten

Eine Alternative zu dieser Form der Produktbeschreibung ist in der Betrachtung des Produktes als Funktionsträger zu sehen. Ein Produkt wird als System aufgefaßt, dessen technische Lösung einer bestimmten Aufgabe entspricht. Zwischen der Menge aller ein Produkt kennzeichnenden Parameter (*Attribute*) und der Menge der Merkmale einer Aufgabenstellung besteht ein funktionaler Zusammenhang [vgl. Koller 1973, S. 147 ff.]. Koppelmann spricht von Ansprüchen, denen eine im Produkt umgesetzte Leistung gegenübersteht [vgl. Koppelmann, 1993, S. 232]. Im Idealfall stimmen Kundenanforderungen und Produktleistungen überein. Ist dieses nicht der Fall, können die in **Bild 2.6** dargestellten sowohl qualitativen als auch quantitativen Anspruchs-Leistungsdivergenzen auftreten.

Eine eindeutige Identifizierung und auch Klassifizierung eines Produktes kann an Hand der spezifischen Kombinationen aus Haupt- (Minimalanforderungen) und *Nebenfunktionen* (Wunschforderungen) vorgenommen werden. Durch diese Einordnung in Haupt- und Nebenfunktionen folgt unmittelbar die subjektive bzw. anwenderorientierte Komponente.

Eine Produktfunktion kann durch verschiedene Produktvarianten erfüllt werden. Somit ist eine eindeutige Zuordnung zwischen der Funktion eines Produktes und seiner technischen Ausführung, also dem Funktionsträger, nicht möglich. Für eine Funktion sind verschiedene Funktionsträger denkbar.

Für die Aufgabenstellung der vorliegenden Arbeit ist die Betrachtung der von Produktfunktionen ausgehenden Produktattribute erforderlich. Im Unterschied zum Ansatz der

```
┌─────────────────────────────────────────────────────────────────┐
│                      ┌──────────────┐                           │
│   Ansprüche         │   Kontrolle   │         Leistungen        │
│      des            │ • Leistungsinhalte │        des            │
│    Kunden           │ • Leistungsintensität │    Produktes       │
│                     │ • Leistungsrang │                          │
│                      └──────────────┘                           │
└─────────────────────────────────────────────────────────────────┘
```

                     Abweichungen

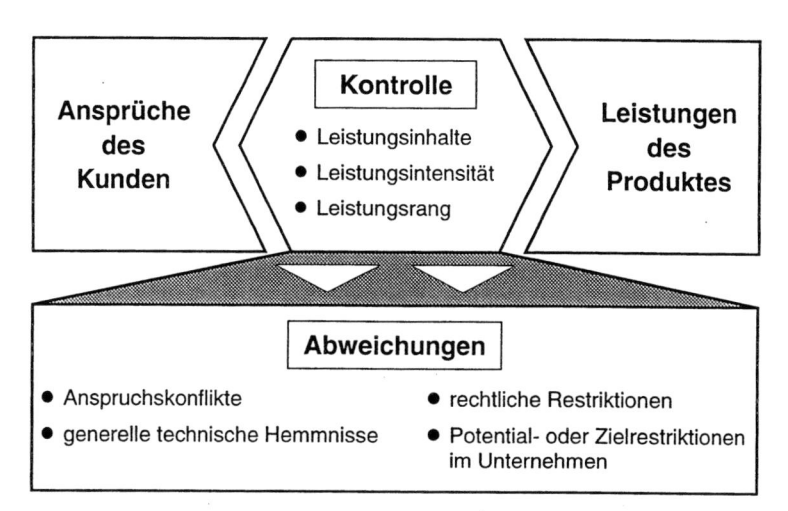

- Anspruchskonflikte   • rechtliche Restriktionen
- generelle technische Hemmnisse   • Potential- oder Zielrestriktionen
                                      im Unternehmen

Bild 2.6: Abweichungen zwischen Produktleistungen und -anforderungen [vgl. Koppelmann, 1993, S. 232]

Beschreibung technischer Ausführungen wird bei dieser Vorgehensweise das Produkt als Problemlösung verstanden, die Produktfunktion in den Vordergrund gestellt und damit der Nutzen des Kunden direkt betont.

Somit ist jede Produktfunktion geeignet, einen vorhandenen Bedarf zu befriedigen. Das Produkt in seiner technischen Ausführung ist lediglich Träger dieser Funktionen und zeichnet sich durch die spezielle Kombination verschiedener Funktionen aus. Je nach Gewichtung des Anteils an der *Gesamtfunktion* des Produktes werden die *Teilfunktionen* in Haupt- und Nebenfunktionen unterschieden.

Erfüllen artgleiche oder artverwandte Produkte dieselbe Funktion, so werden sie als variant bezeichnet. Die Möglichkeiten der Variation ergeben sich ausschließlich aus der Nutzung unterschiedlicher physikalischer und konstruktiver Wirkungszusammenhänge, bezogen auf eine vorgegebene logische Funktion [vgl. Berner 1988, S. 95 ff.].

Zur genaueren Spezifizierung von Produktvarianten wird weiter unterschieden in:
- physikalische Varianten, bei denen verschiedene physikalische Effekte zur Erfüllung derselben Aufgabe genutzt werden, und
- konstruktive Varianten, die sich in Form und Abmessung (Gestaltvarianten), Lage und Anzahl der Bestandteile (Aufbauvarianten) oder Art und Form der Bewegung (Bewegungsvarianten) unterscheiden können [vgl. Berner 1988, S. 95 ff.].

Produkteigenschaften sind latent in unbegrenzter Menge vorhanden. Sie werden zu Produktattributen, wenn sie mit Verwendungszwecken verglichen werden. Durch den Vergleich von Eigenschaft und Zweck wird das Attribut definiert, welches damit schon bei der Entstehung relativiert wird.

Diese Produktattribute dienen zur Beschreibung des Produktes. Der Begriff Attribut (lat. das Zugeteilte, das Beigefügte) bezeichnet die wesentlichen Eigenschaften oder charakteristischen Merkmale eines Produktes in bezug auf die vorgesehene Verwendung [vgl. o. V., 1993 a, Bd. 2, S. 289].

Aufbauend auf diesen grundsätzlichen Begriffsbestimmungen werden nachfolgend die Möglichkeiten dargestellt, über die Technologie sowohl Einfluß auf Produktattribute zu nehmen als auch den erforderlichen Aufwand bei der Produktherstellung zu verändern.

2.2 Darstellung des Einflusses des Technologieeinsatzes auf Produktkosten und -erlöse

Die Betrachtung des Technologieeinflusses wird nachfolgend am Produktlebenslauf orientiert abgebildet. Dieser wird in Form der Wert- oder auch *Wertschöpfungskette* (engl. value chain) analysiert [vgl. Porter, 1985, S. 34]. Ziel nachfolgender Überlegungen ist die Identifizierung der Herkunft von *Produktwert* und entstehenden Aufwänden.

Aus dem Einsatz einer Technologie resultieren Auswirkungen auf die gesamte Wertschöpfungskette, d. h. sowohl unternehmensintern als auch über die produzierten Produkte bis hin zum Kunden (vgl. **Bild 2.7**).

Der Einsatz einer Technologie ist mit dem Einsatz von Ressourcen verbunden, deren Bedarf sich für verschiedene Technologien unterscheidet [vgl. Eversheim, 1994 c, S. 39]. Gerade aus dem Einsatz innovativer Technologien gemäß der eingangs getroffenen Definition, dem Einsatz von Technologien, über die der im Unternehmen vorhandene Kenntnisstand unvollständig ist, resultiert ein Ressourcenbedarfsprofil, welches sich für die innovative Technologie grundlegend von der konventionellen unterscheidet. Dieses gilt selbst dann, wenn die zu erfüllende Funktion in beiden Fällen identisch ist. So steigen bspw. die Anforderungen an die Ausbildung der Mitarbeiter, wenn es nicht mehr nur um die Anwendung von Standardtechnologien geht, für welche die Technologieparameter aus Anleitungen zu entnehmen sind, sondern neue Technologien eingeführt und Technologieparameter erarbeitet werden sollen.

Kapitel 2　　Einsatzmöglichkeiten innovativer Technologien　　　　　　　- 17 -

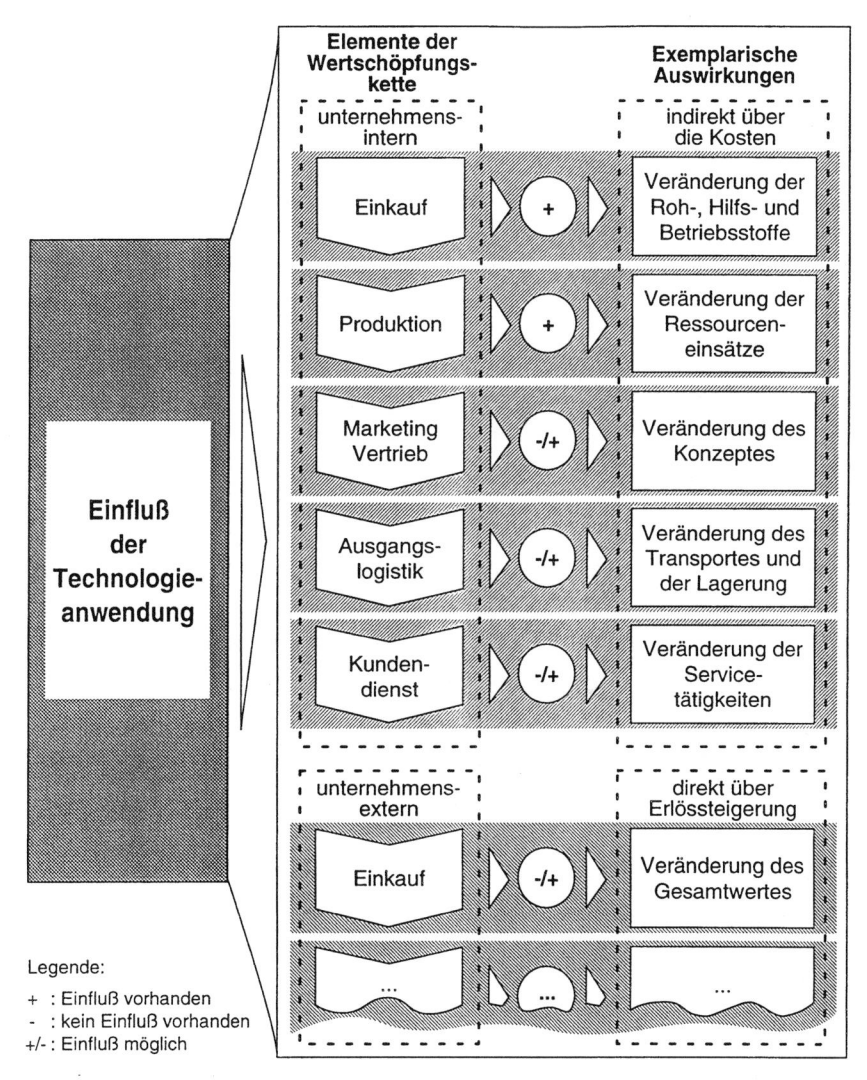

Bild 2.7: Einfluß einer Technologie auf die Wertschöpfungskette

Neben diesen Auswirkungen auf die Kostensituation im Unternehmen ist über die Variation der Technologie eine Einflußnahme auf das Produkt möglich. Dieser Einfluß wird durch die Betrachtung der externen Wertschöpfungskette abgebildet. Vor dem Hintergrund der mehrfachen Verwendung des Begriffes der Wertschöpfung wird dieser nachfolgend bestimmt.

Der Begriff der Wertschöpfung wird einerseits in der erfolgswirtschaftlichen Bilanzanalyse und andererseits in der realgüterwirtschaftlichen Betrachtung von Produktionsprozessen verwendet. In beiden Fällen handelt es sich jedoch nicht um eindeutig definierte Begrifflichkeiten [vgl. Chmielewicz, 1983, S. 152 ff.; Goetzke, 1979, S. 421].

Im Rahmen der Bilanzanalyse [vgl. **Bild 2.8**] wird der Wertschöpfungsbegriff auf einem erweiterten Erfolgsbegriff aufgebaut, der neben den Eigen- und Fremdkapitalerträgen auch Arbeitserträge und Gemeinerträge, z. B. Steuern, umfassen kann [vgl. Coenenberg, 1993, S. 613 ff.]. Dieser umfassende Wertschöpfungsbegriff dient der Einordnung der Leistungskraft der Unternehmung in den makroökonomischen Gesamtzusammenhang. Die Wertschöpfungsrechnung wird dann als Instrument zur Bestimmung der Entstehungs- und Verteilungsrechnung des Unternehmenseinkommens eingesetzt [vgl. Scheibe-Lange, 1978, S. 631 ff.; Reichmann, 1980, S. 519; Reichmann, 1981, S. 949].

In der Bilanzanalyse wird unter der Wertschöpfung der monetär bewertete Anteil verstanden, den eine Unternehmung den von anderen Unternehmungen erworbenen Gütern zufügt. Daher ist der Begriff des Mehrwertes (value added), der in der angelsächsischen Literatur Anwendung findet, eindeutiger als die Bezeichnung Wertschöpfung. Die unterschiedlichen Ausprägungen der Wertschöpfung, wie sie im Rahmen der Bilanzanalyse verwendet werden, sind:

- die Wertschöpfung im weiteren Sinne, dabei werden nur die Rohstoffe als Vorleistungen berücksichtigt,
- der Netto-Produktionswert, zusätzlich werden die Hilfs- und Betriebsstoffe, andere Verbrauchsgüter sowie Dienstleistungen einbezogen
- und die Wertschöpfung im engeren Sinne, zu deren Berechnung noch die abnutzbaren Gebrauchsgüter sowie das immaterielle Vermögen gezählt werden [vgl. Weber, 1987, S. 2174].

Es wird deutlich, daß die Wertschöpfung auf unterschiedliche Weise bestimmt werden kann. So kann die Berechnung auf Basis der Daten des internen Rechnungswesens, also der Kosten- und Leistungsrechnung, oder auf Basis des externen Rechnungswesens, im besonderen der Gewinn- und Verlustrechnung, erfolgen. Weiterhin ist zu unterscheiden, ob die subtraktive Methode, bei der von den Abgabeleistungen die Vorgabeleistungen abgezogen werden, oder die additive Methode, bei der die Einzelbestandteile der Eigenleistung aufsummiert werden, Anwendung finden [vgl. Weber, 1987, S. 2176].

Kapitel 2   Einsatzmöglichkeiten innovativer Technologien   - 19 -

Subtraktiv

Abgabeleistungen	Vorleistungen
1. Umsatzerlöse 2. - Minderungen ± Bestandsänderungen 3. andere aktivierte Eigenleistungen 4. sonstige betriebliche Erträge 4a. Erträge aus Sonderposten 9. Erträge aus Beteiligungen 10. Erträge aus Wertpapieren und Ausleihungen des Finanzanlagevermögens 11. Zinsen und ähnliche Erträge 15. außerordentliche Erträge	5. Materialaufwand 7. Abschreibungen 8a. Einstellungen in Sonderposten mit Rücklageanteil 12. Abschreibungen auf Finanzanlagen und auf Wertpapiere des Umlaufvermögens 16. außerordentliche Aufwendungen und Aufwendungen aus Verlustübernahme
Summe	Summe

Saldo: Positive oder negative Wertschöpfung

Bestimmung der Wertschöpfung im externen Rechnungswesen

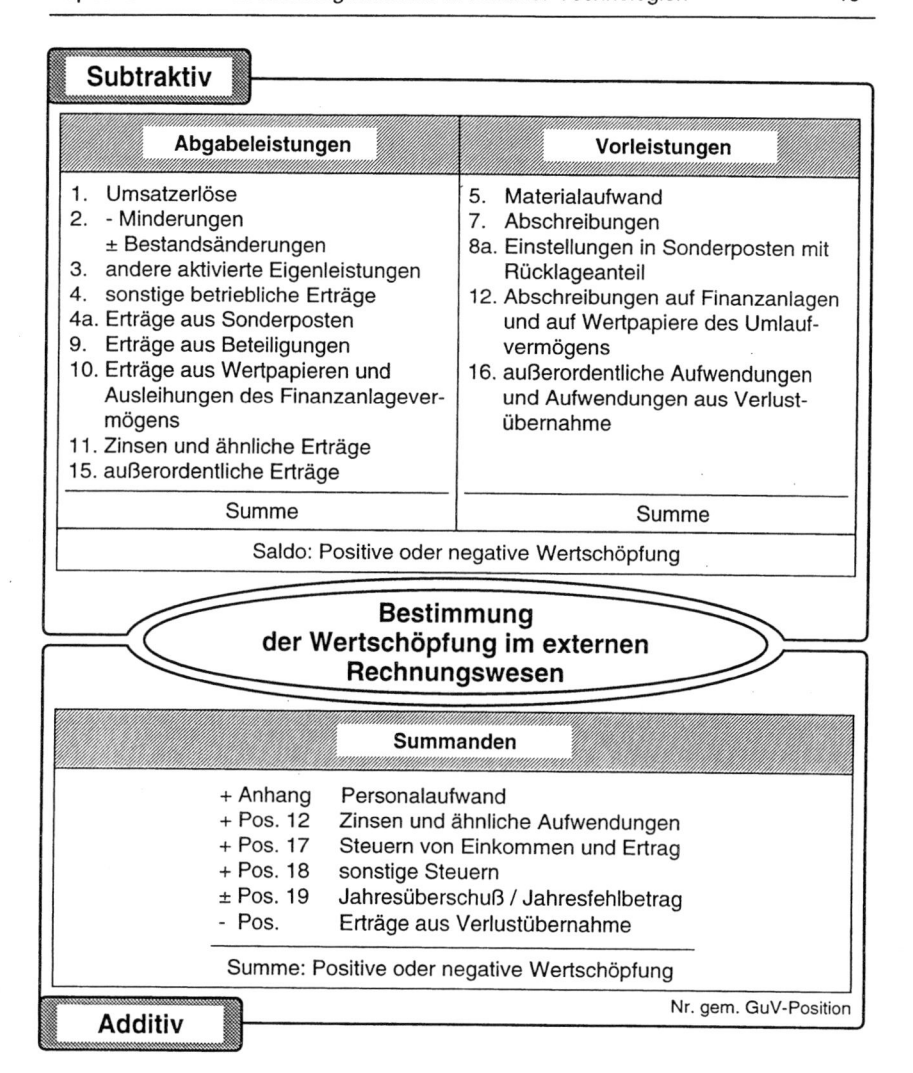

Summanden

+ Anhang   Personalaufwand
+ Pos. 12   Zinsen und ähnliche Aufwendungen
+ Pos. 17   Steuern von Einkommen und Ertrag
+ Pos. 18   sonstige Steuern
± Pos. 19   Jahresüberschuß / Jahresfehlbetrag
- Pos.   Erträge aus Verlustübernahme

Summe: Positive oder negative Wertschöpfung

Nr. gem. GuV-Position

Additiv

Bild 2.8:   Ermittlung der Wertschöpfung im externen Rechnungswesen

Demgegenüber wird bei der Betrachtung von Produktionsprozessen eine andere Definition des Wertschöpfungsbegriffes angewendet. Unter Wertschöpfung ist der zu den Vorleistungen zugefügte Produktionsbeitrag zu verstehen. Daraus folgt die Unterscheidung in wertschöpfende und nicht wertschöpfende Tätigkeiten. D. h. wertschöpfende Tätigkeiten fügen dem Produkt etwas hinzu, was zu einer Erhöhung des Wertes aus der Kundenperspektive führt. Nicht-wertschöpfende Tätigkeiten führen zu höheren Kosten und zu einer erhöhten Durchlaufzeit des Produktes, jedoch nicht zu einer Erhöhung des Wertes aus dem Blickwinkel des Kunden [vgl. o. V., 1991, S. 37].

Wertschöpfende Tätigkeiten, wie Bearbeitungsoperationen, durch die das Zwischenprodukt im Sinne des Kunden verändert wird, oder die Auslieferung des Fertigproduktes zum richtigen Zeitpunkt, in der richtigen Menge und an den richtigen Ort, führen zu einer Erhöhung des Produktwertes. Im Gegensatz dazu haben nicht-wertschöpfende Tätigkeiten, wie der Wareneingang und die Lagerung des Rohmaterials, das Rüsten sowie das Transportieren und Lagern keine Veränderung des Produktwertes zur Folge.

Die Wertschöpfung im Unternehmen ist insgesamt als Differenz aus den Erlösen für nach außen abgegebene Güterwerte und den Vorleistungskosten zu bestimmen [vgl. o. V., 1993 b, S. 3735; Reichmann, 1980, S. 531]. Das gesamte Unternehmen wird dabei als Betrachtungsobjekt aufgefaßt, eine quantifizierte Aufteilung der gesamten Wertschöpfung des Unternehmens auf einzelne Prozesse ist nicht in eindeutiger Form möglich. Diese Aufteilung würde voraussetzen, daß die Ergebnisse einzelner Prozesse unabhängig von den Ergebnissen vor- und nachgelagerter Prozesse sind. Dieses ist dann nicht gegeben, wenn die Produkte vor und nach einem Prozeß nicht marktfähig sind. Die Aufteilung der Wertschöpfung muß vollkommen willkürlich erfolgen, solange es zu einer "Prozeßgemeinwertschöpfung" kommt, die in der Realität sehr häufig gegeben ist.

Von daher wird der Nachweis der Auswirkungen der Technologie auf die Wertschöpfungskette indirekt über den Ressourcenverzehr vorgenommen, d. h. über den Mitteleinsatz bei der Produktion.

An der Schnittstelle zum Kunden kann der Technologieeinfluß nach einem Technologiewechsel als Differenz der unternehmensinternen Wertschöpfung vor und nach dem Technologiewechsel bestimmt werden. Die Fragen hinsichtlich der Möglichkeit, die Wertschöpfung und damit den erhöhten Produktwert in einem gesteigerten Produktpreis umzusetzen, ist ein zentraler Aspekt dieser Arbeit und wird an späterer Stelle ausführlich zu diskutieren sein.

Der Einsatz eines technischen Verfahrens ist immer dann sinnvoll, wenn damit Kostenvorteile erzielt werden können. Dieser erforderliche Kostenvorteil bezieht sich aber auf die gesamte Wertschöpfungskette, d. h. insbesondere, daß die Kostenvorteile nicht nur auf das produzierende Unternehmen und die interne Wertschöpfungskette beschränkt sein müssen, sondern auch über die externe Wertschöpfungskette beim Abnehmer des Produktes vorliegen können.

Vor diesem Hintergrund bestehen zur Bewertung der Vorteilhaftigkeit einer Technologie zwei grundsätzlich verschiedene Ansätze. Einerseits können aus der Beeinflussung der Kostensituation durch den für die Technologie charakteristischen Ressourceneinsatz ökonomische Vorteile im Unternehmen resultieren. Andererseits ist die Beeinflussung der Produkterlöse durch Veränderung der Produkteigenschaften vor dem Hintergrund technologischer Möglichkeiten denkbar. Ist auf diese Weise der Nutzen, der aus dem Produkt für den Nachfrager resultiert, erhöht, kann der Technologieeinsatz auch dann sinnvoll sein, wenn durch den Technologiewechsel keine Kostenvorteile für das produzierende Unternehmen erzielbar sind. Dieses ist immer dann der Fall, wenn sich der erhöhte Nutzen in einen erhöhten Erlös umsetzen läßt.

Durch den Einsatz von Verfahren und Methoden zur Bewertung der Vorteilhaftigkeit eines Technologieansatzes wie z. B. Verfahren der Investitionsrechnung, Target Costing usw. ist es nur möglich, ökonomische Vorteile abzubilden, die in einer Variation des technologiespezifischen Ressourcenbedarfsprofils begründet sind [vgl. Cooper, 1994, S. 20 ff.; Eversheim, 1994 a, S. 119 ff.; Laker, 1993, S. 245, Morgan]. Die Ergebnis-Seite, d. h. das Produkt, findet nur insofern Berücksichtigung, als daß die Erfüllung der Forderungen aus dem Produktpflichtenheft sicherzustellen ist.

Sind über diese Betrachtung Kostenvorteile nachweisbar, so ist die entscheidungstheoretische Situation eindeutig und trivial. Eine Technologie wird einer anderen vorgezogen, wenn durch den Einsatz Kostenvorteile erzielbar sind und die bestehenden Anforderungen nach wie vor erfüllt werden. Diese Bewertung kann allerdings problematisch sein, wenn es darum geht, die Bilanzgrenze für die Bewertung festzulegen und dann konkret Kostenvor- und -nachteile bei vor- und nachgelagerten Prozeßschritten abzubilden.

Auswirkungen einer Technologie auf die unternehmensexterne Wertschöpfungskette sind nur über das Produkt möglich und nachweisbar. Um diese Aspekte zu berücksichtigen, ist an der funktionsorientierten Charakterisierung von Produkten anzuknüpfen.

2.3 Ableitung des Handlungsbedarfes

Bei der konventionellen Vorgehensweise, die Vorteilhaftigkeit eines Technologieeinsatzes über Kostenvorteile nachzuweisen, werden die Möglichkeiten, die aus einem Technologieeinsatz folgen, nur teilweise genutzt. Die bereits beschriebenen Möglichkeiten, über eine Steigerung des Produktwertes die Erlösseite zu beeinflussen, um so die Wertschöpfung im Unternehmen zu erhöhen, werden nicht berücksichtigt. Im **Bild 2.9** sind die Möglichkeiten eines Technologieeinsatzes dargestellt, das Produkt

Einsatz innovativer Technologien

Auswirkung auf Produkt: Produktinnovation | Produktsubstitution

Entwicklung der Kosten: $K_{IT} \leq K_{KT}$ | $K_{IT} > K_{KT}$

Relation von Erlös, Kosten und Wert: $E < K$ | $E > K$ | $W, E =$ konst. | $W_{IT} > W_{KT}$ | $W, E =$ konst. | $W_{IT} > W_{KT}$

Entscheidung über TE: TE sinnlos | TE möglich | TE möglich | TE möglich | TE sinnlos | TE möglich

Legende: E: Erlös   K: Kosten   IT: Innovative Technologie
          W: Wert   TE: Technologieeinsatz   KT: Konventionelle Technologie
          ▨ : Betrachtungsbereich

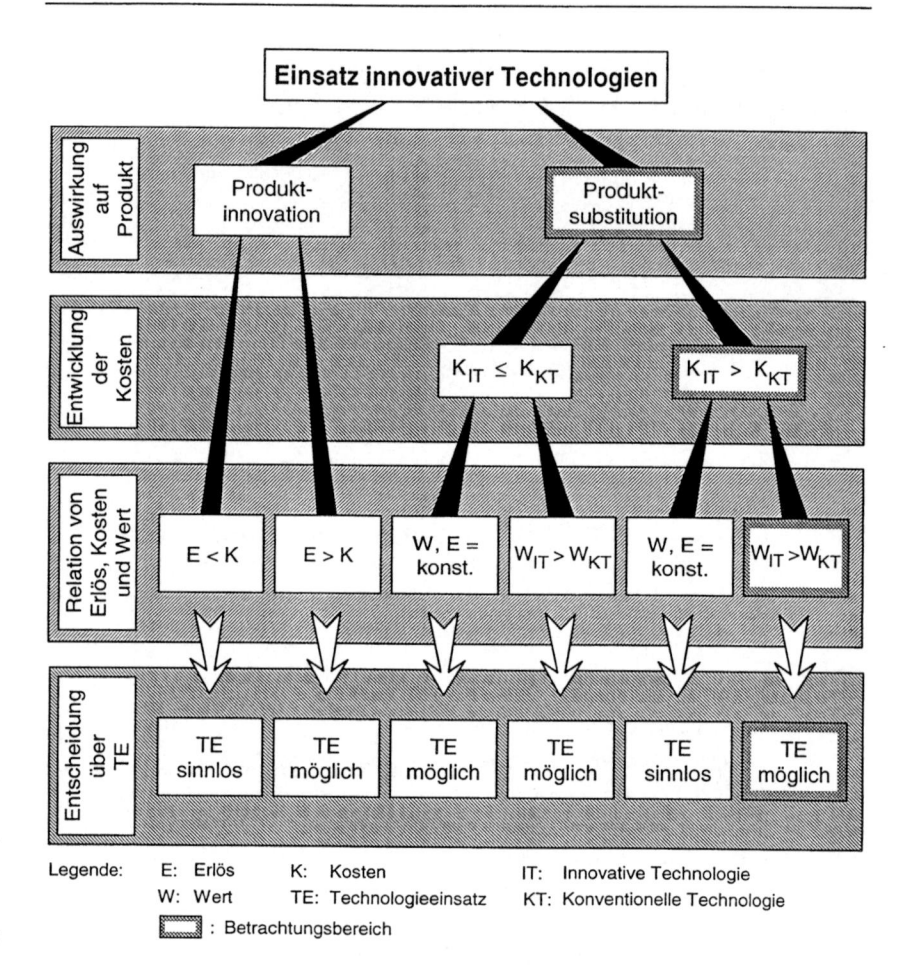

Bild 2.9: Einfluß einer Technologie auf das Produkt

zu verändern. Zunächst ist entsprechend den Auswirkungen auf das Produkt zwischen Produktinnovationen und Produktsubstitutionen zu unterscheiden. Als Produktinnovationen werden Anwendungen verstanden, die in dieser Form vorher nicht zu fertigen waren. Unter Produktsubstitutionen sind gemäß der vorgenommenen Definition Varianten zu verstehen, d. h. Produkte, die entsprechend ihren *Hauptfunktionen* nicht verändert sind und sich bezüglich ihrer Funktionserfüllung qualitativ unterscheiden.

Für die Produktinnovation ist an Hand einer Wirtschaftlichkeitsanalyse die Entscheidung über einen sinnvollen Technologieeinsatz möglich. Solange die Kosten geringer sind als die erzielbaren Erlöse, ist der Technologieeinsatz sinnvoll.

Daher liegt im Rahmen der vorliegenden Betrachtungen der Schwerpunkt auf den Produktsubstitutionen. Hier ist nun eine Betrachtung der Kostenentwicklung nach einem Technologiewechsel erforderlich. Der Fall von Wettbewerbsvorteilen als Folge von Kostenvorteilen der innovativen gegenüber der bisherigen Technologie wurde schon dargestellt und ist entscheidungstheoretisch als trivial einzustufen.

Besondere Bedeutung kommt jedoch der Entscheidung über die auszuwählende Technologie dann zu, wenn die Kosten / Ressourcen, die mit dem Techonologieeinsatz verbunden sind, zunächst nicht geringer sind. Ist auch das Ergebnis des Technologieeinsatzes nicht verbessert, ist die konventionelle Technologie zu bevorzugen. Interessant ist jedoch der Fall, bei dem eine Steigerung des Ressourceneinsatzes gleichzeitig mit einem gesteigerten Produktwert auftritt.

Es gilt jedoch, genau zu analysieren, ob die gesteigerten Kosten über erhöhte Erlöse zu rechtfertigen sind und der Deckungsbeitrag trotzdem gegenüber der Standardtechnologie vergrößert werden kann. Thema dieser Arbeit ist es, eine Methode bereitzustellen, um genau diese Fälle identifizieren und dann die Vorteile des Technologieeinsatzes, unter Berücksichtigung einer konkreten Anwendung, nachweisen zu können.

Bestehende Ansätze zur Bewertung eines Technologieeinsatzes setzen vorwiegend bei einer Optimierung über eine Reduzierung des Ressourceneinsatzes oder bei einer Betrachtung des Produktionsergebnisses an. Es handelt sich um Ansätze zur Technologie- und zur Produktbewertung. In **Bild 2.10** sind bestehende Themen voneinander abgegrenzt und der in der vorliegenden Arbeit verfolgten Zielsetzung gegenübergestellt.

Die vorhandenen Ansätze sind zunächst hinsichtlich ihrer Ausrichtung zur Technologie- oder Produktbewertung voneinander abzugrenzen. Methoden zur integrierten Bewertung bestehen derzeit nicht.

Im Rahmen der Technologiebewertung steht bezogen auf konkrete Anwendungen häufig die Frage nach der monetären Bewertung im Vordergrund. So besteht das Ziel darin, ein vorgegebenes Produkt zu minimalen Kosten zu fertigen. Porter [Porter, 1985, S. 64 ff.] und Hanna [Hanna, 1990, S. 56 ff.; Hanna, 1991, S. 158 ff.] korrelieren an Hand der *Wertkette* (value chain) die kostenverursachenden Tätigkeiten mit denen, durch die der Wert des Produktes bestimmt wird. Lemke [Lemke, 1992, S. 271 ff.] und Martini [Martini, 1995, S. 62 ff.] (vgl. Bild) analysieren dann ressourcenorientiert die Kostenstruktur bei der Fertigung eines bestehenden Produktes. Martini und Wolfrum berücksichtigen die Aspekte, die aus Informationsdefiziten bei innovativen

Autor / Quelle	Technologiebewertung: Betrachtung innovativer Technologien	Technologiebewertung: Auswahl technologischer Alternativen	Technologiebewertung: Prozeßorientierung	Technologiebewertung: Ressourcenorientierung: bei vorgegebenem Produkt	Technologiebewertung: Ressourcenorientierung: bei variierten Produktattributen	Produktbewertung: Schwerpunkt: Konsumgüter / Dienstleistungen	Produktbewertung: Schwerpunkt: technische Investitionsgüter	Produktbewertung: Bestimmung relevanter Produktattribute	Produktbewertung: Variation der Produktattribute	Produktbewertung: Bewertung des Produktionsnutzens	Integration
Carter, W. K. 1992, S. 58 - 64	◒	●	○	◒	○	○	○	○	○	○	○
Cook, H. 1995	○	○	○	○	○	●	○	●	◒	●	○
Garvin, D. A. 1993, S. 85 - 136	○	●	◒	◒	○	○	○	○	○	○	○
Green, P. E.; u. a. 1975, S. 107 - 117	○	○	○	○	○	◒	○	●	◒	●	○
Hanna, A. M. 1991, S. 158 - 177	○	○	●	◒	○	◒	◒	○	○	◒	○
Jehle, E. 1991, S. 287 - 294	○	◒	◒	◒	○	◒	◒	◒	○	○	○
Lemke, H.-J. 1991, S. 287 - 294	○	○	●	◒	○	○	○	○	○	◒	○
Martini, C. (1994)	●	●	●	●	○	○	○	○	○	○	○
Porter, M. 1985	○	○	●	◒	○	○	○	○	○	◒	○
Reddy, N. M. 1991, S. 14 - 19	○	○	○	○	○	○	○	◒	◒	●	○
Servatius, H.-G. 1985	◒	◒	◒	◒	○	○	○	○	○	○	○
Wolfrum, B. 1991	●	◒	○	○	○	○	○	○	○	○	○
Adams, M.	●	○	◒	○	●	◒	●	●	●	●	●

Legende: ● gewährleistet ◒ teilweise gewährleistet ○ nicht gewährleistet

Bild 2.10: Abgrenzung der Aufgabenstellung

Technologien resultieren. Carter beschäftigt sich darüber hinaus mit der Berücksichtigung nicht monetär bewertbarer Aspekte wie z. B. Flexibilität und Zuverlässigkeit [vgl. Carter, 1992, S. 59 ff.] .

Weitere Ansätze zur strategischen Technologiebewertung, die bspw. von Servatius [Servatius, 1985, S. 112 ff.] oder Wolfrum [Wolfrum, 1991, S. 97 ff.] beschrieben werden, sind für die vorliegende Problematik der konkreten Bewertung einer Technologie-Produktkombination nicht anwendbar.

Demgegenüber sind Schwerpunkte der Forschungen von Cook [vgl. Cook, 1995, S. 3 ff.], Green [vgl. Green, 1974. S. 61 ff.; Green, 1975, S. 109 ff.], Hanna [Hanna, 1990, S. 56 ff.; Hanna, 1991, S. 158 ff.] und Jehle [vgl. Jehle, 1991, S. 290 ff.] in der Bewertung von Produkten zu sehen. Im Vordergrund der Betrachtungen stehen Konsumgüter. Reddy [vgl. Reddy, 1991, S. 14 ff.] geht der Frage nach dem Bewertungsmaßstab nach und beschreibt unterschiedliche Wertdimensionen, während Green wertbestimmende Eigenschaften der Produkte analysiert und Verfahren diskutiert, die geeignet sind, diese qualitativ und quantitativ zu beschreiben. Der Schwerpunkt der Tätigkeiten von Cook ist die Bestimmung des funktionalen Zusammenhangs zwischen Attributen und dem wahrgenommenen Produktwert.

Möglichkeiten, durch eine spezielle Technologie konkret die Attribute von Investitionsgütern zu verändern und darauf aufbauend den geänderten Wert dieser Produkte zu bestimmen, bleiben bisher unberücksichtigt. Die genannten Autoren liefern allerdings durchaus Ansätze, die als Grundlagen bei der integrierten Bewertung von Technologien an Hand erzielbarer Produktattributausprägungen anzusehen und nachfolgend zu berücksichtigen sind.

2.4 Fazit: Grundlagen

Den Verfahren zur Technologiebewertung liegt letztendlich immer das ökonomische Prinzip als Maßstab zugrunde, d. h. die Optimierung der Relation von Ein- und Ausgangsgrößen. Die beiden daraus folgenden Gestaltungsansätze, entweder eine Veränderung der Kosten- oder der Erlösentwicklung anzustreben, wurden dargestellt. Um die Möglichkeiten zu erfassen, die aus dem Einsatz innovativer Technologien resultieren, ist weder eine alleinige prozessuale noch eine ergebnisorientierte Sichtweise ausreichend. Dieses gilt insbesondere, wenn die Betrachtung über Anwendungen, bei denen mit geringeren Kosten ein gegenüber konventioneller Fertigung gleichwertiges oder gar verbessertes Produkt erzeugt werden kann, hinausgeht.

Bisher entwickelte Methoden sind jedoch entweder auf die Bewertung von Technologien oder von Produkten ausgerichtet. Verbindungen dieser Ansätze bestehen derzeit nicht (vgl. **Bild 2.11**). Mögliche Folgen dieser separierten Vorgehensweise können

| Situation | Technologie-planung | ⚡ | Produkt-planung |

| Ziel | Methode zur integrierten Bewertung der Einsatzmöglichkeiten innovativer Technologien |

| Ausblick | **Anwendung der Methode**
• Nachweis des Technologieeinflusses auf Produktattribute
• Bewertung des Technologieeinflusses
• Bewertung des speziellen Technologieeinsatzes |

| Synergie-effekte | **Technologieeinsatzanalyse**
• Analyse und Bewertung vorhandener Technologieanwendungen
• Analyse und Bewertung der Technologieintegration im Unternehmen
• Anwendbarkeit der Methode für konventionelle Technologien |

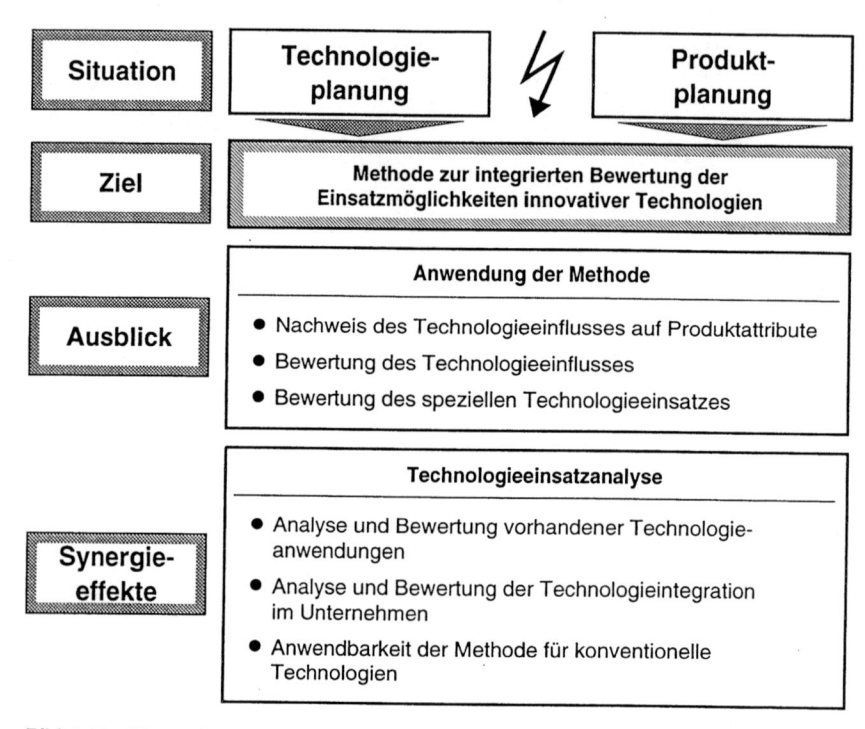

Bild 2.11: Einsatzfelder der zu entwickelnden Methode

entweder darin bestehen, daß aufgrund des technischen Fortschritts mögliche Produkte erzeugt werden, für die in dieser Form kein Bedarf existiert oder darin, daß bei der Gestaltung von Produkten die technischen Möglichkeiten unberücksichtigt bleiben. In beiden Fällen können Wettbewerbsnachteile die Folge sein, die regional für Branchen zur Existenzfrage werden können, wie am Beispiel der Entwicklung des deutschen Werkzeugmaschinenbaus deutlich wurde.

Durch die Entwicklung der Methode zur integrierten Bewertung der Einsatzmöglichkeiten innovativer Technologien soll ein Hilfsmittel bereitgestellt werden, durch welches die Bewertung der Technologie für eine konkrete Anwendung ermöglicht wird.

Darüber hinaus kann die Methode ebenso zur Analyse vorhandener Technologie-Produktkombinationen und zur Betrachtung konventioneller Technologien verwendet werden. Durch die prozessuale Betrachtung des Technologieeinsatzes und die Überprüfung der Sicherung von Voraussetzungen zur Anwendung der Technologie im Unternehmen über die ressourcenorientierte Betrachtung kann die Möglichkeit der Integration in das Unternehmen festgestellt werden.

3. Analyse und Modellbildung zur produktorientierten Technologiebewertung

Bei der Auswahl von Technologien für eine konkrete Anwendung ist neben der Eignung der jeweiligen Technologie, bezogen auf die individuellen Problemstellungen, die Integration der Technologie in das bestehende Unternehmensumfeld von entscheidender Bedeutung. Dadurch ist die strategische Dimension der Technologieauswahl begründet. Für Erfolg oder Mißerfolg eines Technologieeinsatzes sind die Abstimmung der Allokation von Unternehmensressourcen und die Eignung der Technologie unter Berücksichtigung der Anwendung gleichermaßen von entscheidender Relevanz. Sowohl bei mangelnder Integration technologischer Strategien in die gesamte Unternehmensstrategie als auch bei ungenügender Berücksichtigung der konkreten Anwendung ist der Mißerfolg nahezu unvermeidlich.

Nachfolgend wird nach einer Konkretisierung der Aufgabenstellung die Ausgangssituation bei der Einsatzanalyse von Technologien kritisch gewürdigt, bevor aus den Schwachstellen augenblicklicher Vorgehensweisen und den formulierten Anforderungen ein Modell zur Bewertung der Einsatzmöglichkeiten abgeleitet wird.

3.1 Ableitung der Anforderungen

Einleitend wurde bereits die Bedeutung einer integrierten Betrachtung verschiedener Strategiedimensionen im Unternehmen dargestellt. Versteht man unter Strategien die Summen strategischer Entscheidungen zur Bestimmung der Entwicklung des Unternehmens, so wird die Bedeutung, die der Allokation der Unternehmensressourcen zukommt, deutlich [vgl. Brose, 1982, S. 141 ff.]. In **Bild 3.1** ist diesem Integrationsgedanken Rechnung getragen. Technologieplanung ist entsprechend den Ausführungen im Bild im Zusammenhang der gesamten Unternehmensstrategien und insbesondere der Technologiestrategie zu sehen [vgl. Clark, 1990, S. 22 ff.; Wheelwright, 1985, S. 87 ff.]. Darüber hinaus sind gleichermaßen die Produktstrategien zu berücksichtigen, wenn man davon ausgeht, daß die Produkte durch die Technologie bei der Produktion beeinflußt werden und sie technologiespezifische Attribute aufweisen.

In der vorliegenden Arbeit liegt der Schwerpunkt der Betrachtung in der Bewertung der Technologie vor dem Hintergrund der erreichbaren Produkteigenschaften. Die Betrachtung strategischer Dimensionen der Technologieplanung ist daher auf die Berücksichtigung der die Technologieumsetzung ausschließenden Kriterien beschränkt, d. h. auf die Sicherstellung der Machbarkeit aufgrund der dem Unternehmen zur Verfügung

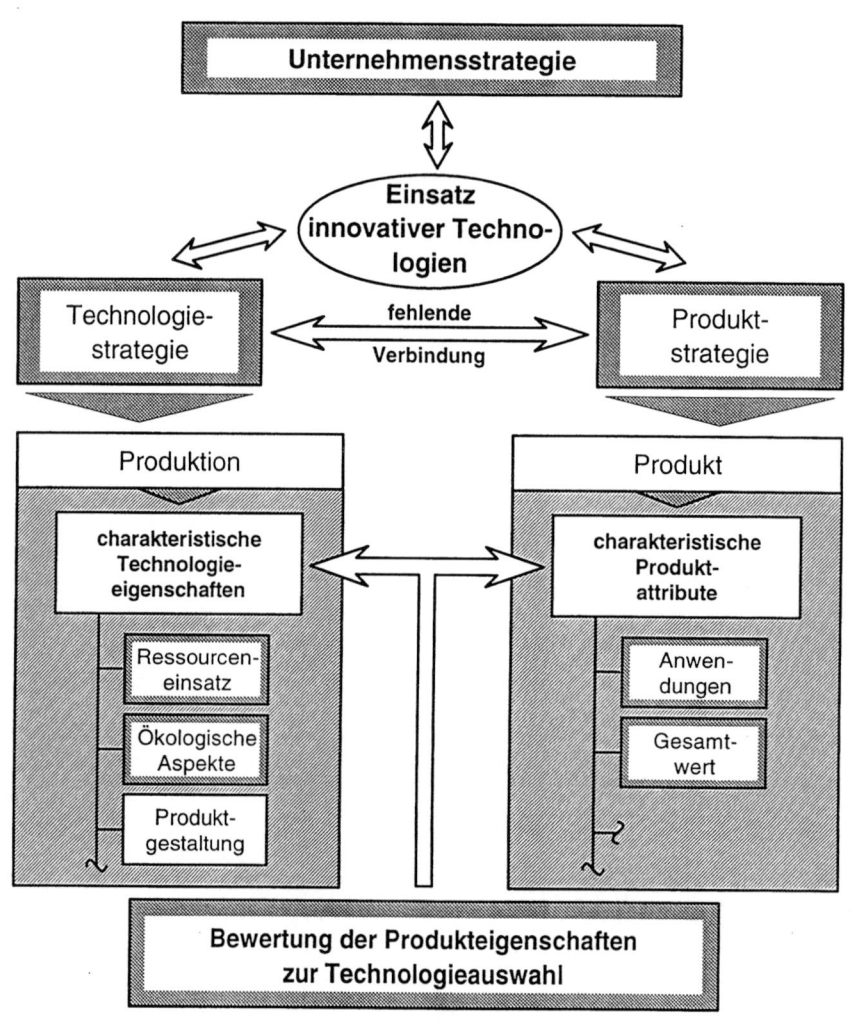

Modell zur Bewertung von Technologien

Bild 3.1: Integration der Unternehmensstrategien

stehenden Ressourcen. Aspekte der prinzipiellen strategischen Technologieplanung, wie z. B. die Festlegung der grundsätzlichen technologischen Ausrichtung als schwerpunktmäßiger Technologieführer oder -folger, werden daher in der vorliegenden Arbeit nicht berücksichtigt [vgl. z. B. Perillieux, 1989, S. 23 ff.]. Gleiches gilt für die Gestaltung der Produktstrategien, die nicht grundsätzlich in Frage gestellt werden. Für Fragestellungen der grundsätzlichen Technologieausrichtung und der Produktplanung wird daher auf die einschlägige Literatur verwiesen [vgl. z. B. Clark, 1991, S. 113 ff.; Garvin, 1993, S. 85 ff.; Servatius, 1985, S. 28 ff.; Wheelwright, 1989, S. 60 ff.; Wolfrum, 1991, S. 223 ff.]. Analysen, die die Eignung einer Technologie über die Betrachtung von Produkten hinaus auf das Unternehmen abbilden, sind u. a. bei Koppelmann [vgl. Koppelmann, 1993, S. 180 f.] im Rahmen der Potentialanalyse thematisiert.

Einzelne Fragen strategischer Technologieplanung werden z. B. an den genannten Stellen behandelt. Ganzheitliche Konzepte zur integrierten strategischen Ausrichtung des Unternehmens, in dem die verschiedenen strategischen Bereiche hinsichtlich der bestehenden Wechselwirkungen berücksichtigt werden, bspw. zur Gestaltung der Produktstrategie unter Berücksichtigung technologischer Potentiale, bestehen derzeit nicht. Die Überwindung dieser fehlenden Verbindung (missing link) im Rahmen der strategischen Planung kann als Aufgabe weiterer Tätigkeiten aufgefaßt werden.

Die Bestimmung der Technologie-Produktbeziehung, d. h. die Kombination einer bestimmten Technologie und eines speziellen Produktes, ist ein Entscheidungsproblem, welches in zwei grundsätzlichen Ausprägungen bestehen kann. Diese können von den unternehmensspezifischen Randbedingungen abhängen (vgl. **Bild 3.2**). Einerseits kann die bestimmende Eingangsgröße aus einem vorgegebenen Produkt (-programm) resultieren. Die Aufgabe besteht dann darin, für dieses Produkt die Technologie auszuwählen, die unter genauer zu bestimmenden Zielkriterien (z. B. Wirtschaftlichkeitsaspekten, Synergieeffekten) am besten geeignet ist. Dieses ist die häufig in der Literatur diskutierte Vorgehensweise, ausgehend von einem Ziel (Produkt) die erforderlichen Mittel (Technologie zur Herstellung des Produktes) herzuleiten. Geeignete Methoden zur Lösung dieses Entscheidungsproblems werden nachfolgend dargestellt.

Andererseits kann das Entscheidungsproblem dadurch invertiert sein, daß nicht das spezielle Produkt (Ziel) als Eingangsgröße gegeben ist, sondern eine Technologie, d. h. daß die Mittel, und darauf aufbauend die Anwendung zu bestimmen sind. Diese Situation, wie sie bei Überlegungen zur Auslastung vorhandener Kapazitäten oder der Ableitung von Einsatzfällen für vorgebene Technologien auftritt, ist Gegenstand der vorliegenden Arbeit und der nachfolgenden Ausführungen.

Der Ansatz zur Bewertung der Einsatzmöglichkeiten innovativer Technologien ist an der gesamten Wertschöpfungskette orientiert. Gemäß den bereits vorgenommenen einleitenden Darstellungen (vgl. auch Bild 2.7) ist darunter sowohl der unternehmensinterne als auch der unternehmensexterne Teil der Wertkette zu sehen.

Generell ist bei Auswahlentscheidungen über den Technologieeinsatz die Integration der Technologiestrategie in die gesamte Unternehmensstrategie zu berücksichtigen,

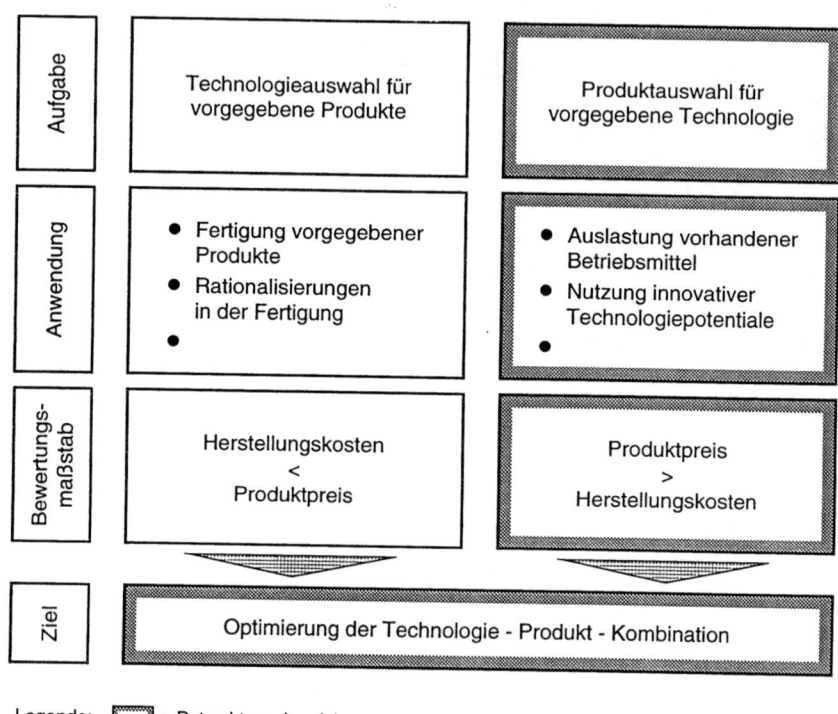

Aufgabe	Technologieauswahl für vorgegebene Produkte	Produktauswahl für vorgegebene Technologie
Anwendung	• Fertigung vorgegebener Produkte • Rationalisierungen in der Fertigung •	• Auslastung vorhandener Betriebsmittel • Nutzung innovativer Technologiepotentiale •
Bewertungs-maßstab	Herstellungskosten < Produktpreis	Produktpreis > Herstellungskosten
Ziel	Optimierung der Technologie - Produkt - Kombination	

Legende: ▓ : Betrachtungsbereich

Bild 3.2: Anwendungsbereich der Methode

so daß nachfolgend zwei Betrachtungsrichtungen verfolgt werden. Einerseits gilt es, die Technologieplanung in die allgemeinen Unternehmensstrategien zu integrieren und deren Eignung in diesem Zusammenhang zu bewerten. Andererseits ist die Eignung zur Herstellung eines konkreten Produktes zu beurteilen.

Die Bewertung der Einsatzmöglichkeiten innovativer Technologien wird zweistufig vorgenommen (siehe **Bild 3.3**). So ist zunächst zu klären, ob die Voraussetzungen für die Technologieumsetzung im Unternehmen grundsätzlich vorhanden sind (finanzielle Restriktionen sind nur einer der zu betrachtenden Punkte) und der Technologieeinsatz mit den Unternehmenszielen korreliert. Insbesondere ist die Verfügbarkeit knapper Ressourcen im Unternehmen zu überprüfen. Wenn diese sichergestellt ist, gilt es, die Eignung der Technologie für das Produkt zu verifizieren. Bei negativen Ergebnissen ist der Technologieeinsatz nicht sinnvoll.

Das in Bild 3.3 abgebildete Schema ist sowohl für ex post- als auch für ex ante-Analysen geeignet. Es ist ebenso im Rahmen der Technologieplanung anwendbar wie

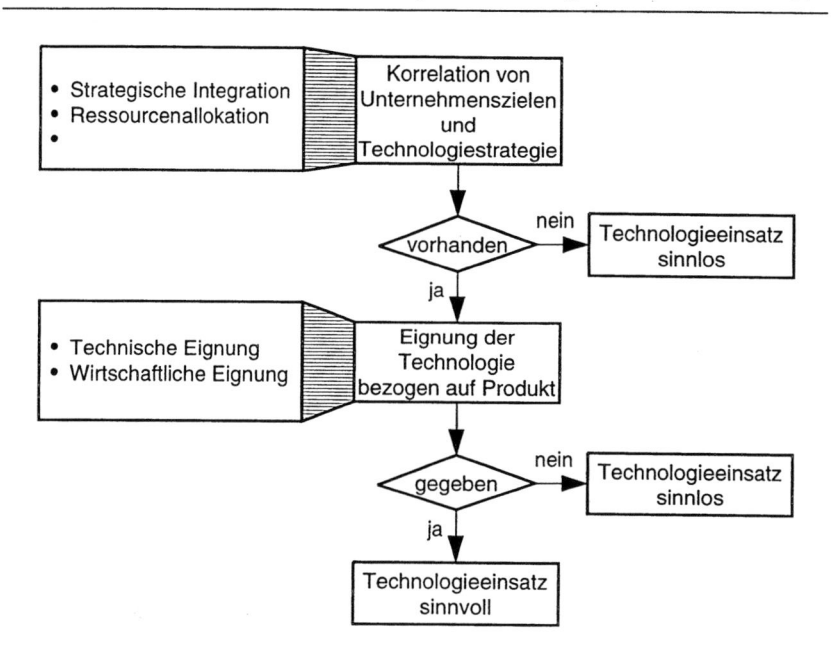

Kapitel 3   Modell zur Bewertung von Technologien

Bild 3.3: Schema zur Bewertung des Technologieeinsatzes

auch bei der Technologierevision, d. h. bei der Überprüfung der Vorteilhaftigkeit schon vorhandener Technologien.

Die Frage nach der Korrelation der eingesetzten Technologien mit der Allokation von Unternehmensressourcen vor dem Hintergrund bestehender Unternehmensziele ist einerseits über die Berücksichtigung der generellen Unternehmensziele zu beantworten.

Andererseits ist die Verfügbarkeit knapper Ressourcen wie z. B. Kapital, Personal und Know-how (Information) im Unternehmen zu überprüfen. Dabei sind auch die Inanspruchnahmen natürlicher Ressourcen in die Betrachtungen miteinzubeziehen, d. h. die Auswirkungen der Unternehmenstätigkeit im Rahmen der betrieblichen Leistungserstellung auf die Natur. Diese Bewertungen sind monetär aggregiert möglich, indem der Ressourcenverzehr zu tagesüblichen Faktorpreisen bewertet wird.

Um die Eignung der Technologie für eine spezielles Produkt zu bestimmen, sind Wirtschaftlichkeitskenngrößen entscheidend. Ein Schwerpunkt der zu entwickelnden Methoden besteht in der Berücksichtigung von Möglichkeiten, die über eine Erhöhung der Produktqualität primär auf eine Steigerung des Ergebnisses bezogen sind. Die

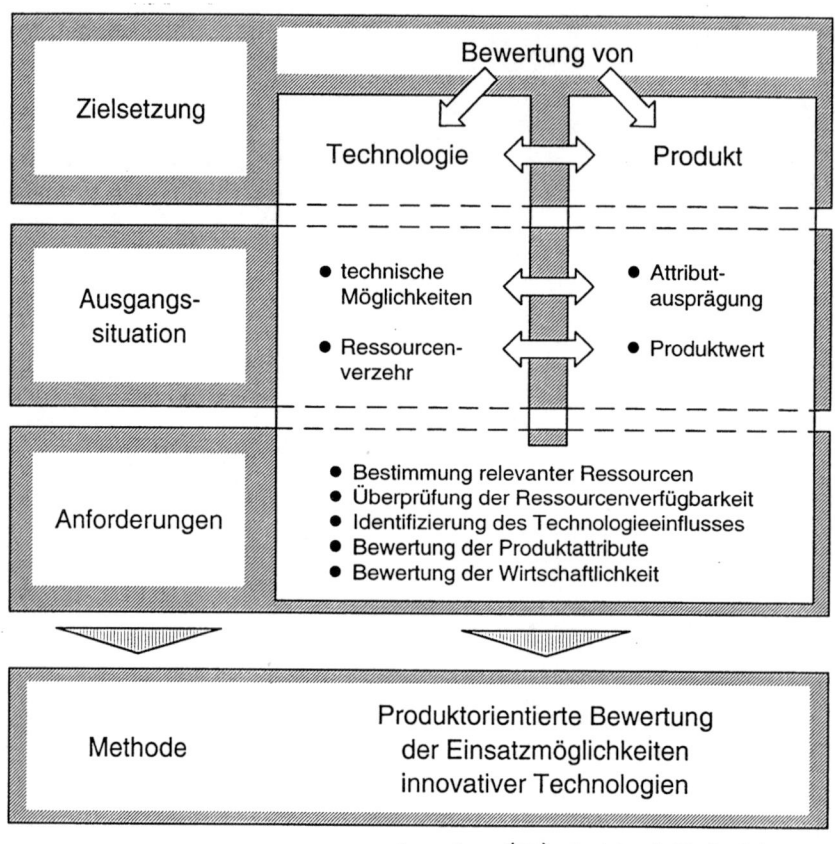

Bewertung von

Zielsetzung
- Technologie ⇔ Produkt

Ausgangssituation
- technische Möglichkeiten ⇔ Attributausprägung
- Ressourcenverzehr ⇔ Produktwert

Anforderungen
- Bestimmung relevanter Ressourcen
- Überprüfung der Ressourcenverfügbarkeit
- Identifizierung des Technologieeinflusses
- Bewertung der Produktattribute
- Bewertung der Wirtschaftlichkeit

Methode
Produktorientierte Bewertung der Einsatzmöglichkeiten innovativer Technologien

Legende: ⇔ bestehende Wechselwirkungen

Bild 3.4: Anforderungen an die Methode

Anforderungen an die Methode zur produktorientierten Bewertung der Einsatzmöglichkeiten innovativer Technologien sind im **Bild 3.4** zusammengefaßt dargestellt.

3.2 Analyse und Auswahl bestehender Ansätze zur Bewertung der Einsatzmöglichkeiten innovativer Technologien

Neben der Klärung der Betrachtungsobjekte ist die Analyse bestehender Ansätze von grundlegender Bedeutung. Dazu werden zunächst Ansätze zur Bewertung innovativer Technologien betrachtet, bevor dann die Verfahren zur Produkt- und Produktionsbewertung näher untersucht werden.

3.2.1 Bestehende Ansätze zur Technologiebewertung

Die Überlegungen zur Analyse der Einsatzmöglichkeiten von Technologien gelten grundsätzlich in gleichem Maße für innovative Technologien und für konventionelle, d. h. verbreitete Technologien. Daher sind die nachfolgenden Betrachtungen nicht auf innovative Technologien beschränkt.

Die bestehenden Ansätze, Technologien zu bewerten, sind abhängig von der zu beantwortenden Fragestellung sehr vielseitig. Vor diesem Hintergrund sind in Anlehnung an die VDI-Richtlinie "Empfehlung zur Technikbewertung" [vgl. o. V., 1989 a, S. 7 ff.] unterschiedliche Bewertungsansätze abgebildet (vgl. **Bild 3.5**), denen verschiedene Bewertungsschwerpunkte zugrunde liegen.

Grundsätzliches Ziel dieser VDI-Richtlinie ist eine umfassende Technikbewertung auch nach nicht technischen und monetären Kriterien aus der Sicht von Technikbetroffenen im weitesten Sinne [vgl. o. V., 1989 a, S. 2 ff.]. Die zu berücksichtigenden Bewertungskriterien reichen von betriebswirtschaftlichen wie z. B. ökonomischen Größen bis hin zu volkswirtschaftlichen und sozialen Aspekten, die an Hand der Bewertung z. B. von Persönlichkeitsentfaltung und Gesellschaftsqualität erfaßt werden.

Die dieser Arbeit zugrunde liegenden Fragestellungen beziehen sich auf die folgenden drei der im Bild dargestellten Themenkomplexe:

Funktionsfähigkeitsbetrachtung
Den nachfolgenden Betrachtungen liegt die grundsätzliche Annahme der technischen Machbarkeit zugrunde [vgl. Brockhoff, 1994, S. 119 ff.]. Diese wird daher nicht gesondert überprüft. In dieser Annahme sind die Aspekte der Brauchbarkeit, Machbarkeit und Wirksamkeit eingeschlossen. Fragen zur technischen Effizienz, d. h. der Maximierung der Input-Output-Relation [vgl. o. V., 1989 a, S. 7] werden nachfolgend explizit berücksichtigt. Diese Fragen korrelieren mit den Gesichtspunkten der:

Wirtschaftlichkeit
Wirtschaftlichkeit, gemäß dem Grundprinzip des ökonomischen Handelns als Quotient von Input und Output [Horváth, 1988, S. 3] und im Sinne des Entwurfes zur VDI-Richtlinie Güterertrag und Aufwand [vgl. o. V., 1989 a, S. 7 f.] interpretiert, stellt die entscheidende Größe bei der Bewertung technologischer Konzepte dar. Zusätzliche Berücksichtigung finden die Aspekte zum:

Modell zur Bewertung von Technologien   Kapitel 3

Technologisches Potential
- Leistungserwartung
- Wettbewerbspotential
-

Funktionsfähigkeit
- Machbarkeit
- Wirksamkeit
- Perfektion
- technische Effizienz
-

Sicherheit
- Risikominimierung
- Lebenserhaltung
-

Wirtschaftlichkeit
- Ressourceneinsatz
- Outputbetrachtung
-

ZIEL Technologiebewertung

Gesundheit
- Wohlbefinden
- Lebenserwartung
-

Umweltschutz
- Landschaftsschutz
- Artenschutz
- Ressourcenschonung
-

Persönlichkeitsentfaltung/ Gesellschaftsqualität
- Handlungsfreiheit
- Meinungsfreiheit
- Gerechtigkeit
-

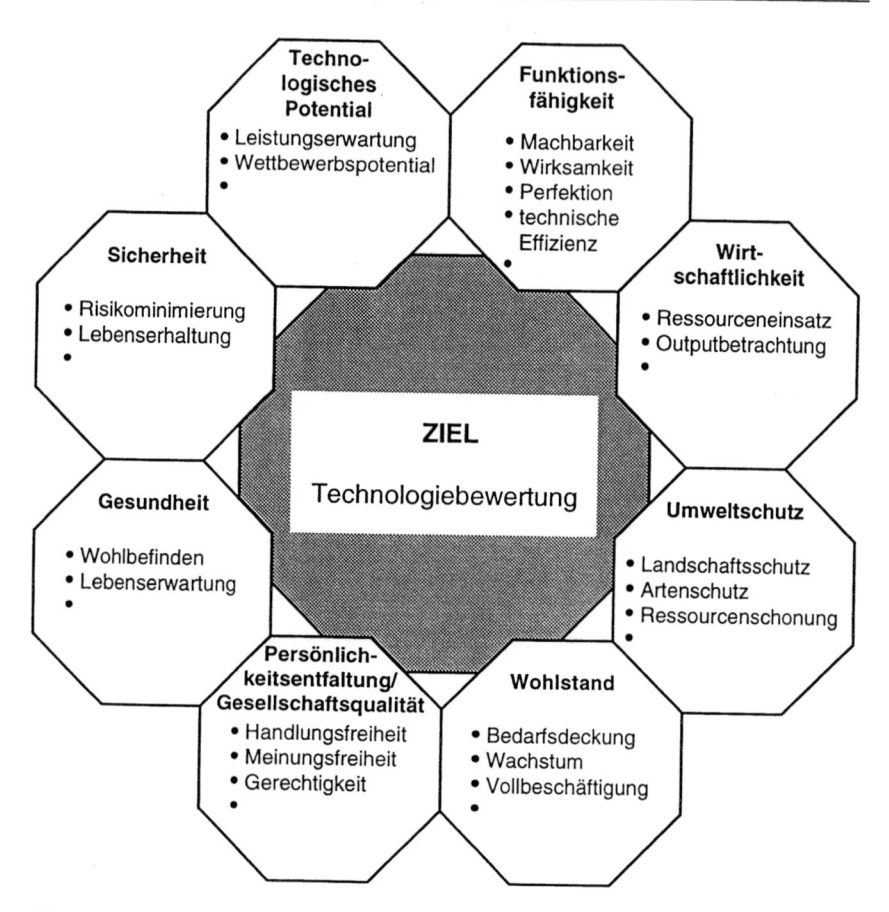

Wohlstand
- Bedarfsdeckung
- Wachstum
- Vollbeschäftigung
-

Bild 3.5: Ansätze zur Technologiebewertung

Umweltschutz
Bei der Betrachtung wird insbesondere der Ressourcenschonung Rechnung getragen. Die Aspekte des Landschafts- und Artenschutzes werden damit indirekt erfaßt. Diese Vorgehensweise erscheint vor dem Hintergrund sinnvoll, daß i. d. R. die Technologieauswirkungen auf die Ökologie, d. h. die Wechselbeziehungen zwischen den Lebewesen und der Umwelt indirekt über *Emissionen* auftreten. Diese werden im Rahmen der Bestrebungen um die Ressourcenschonung mit erfaßt. In den vorliegenden Betrachtungen werden unter den Ressourcen auch die "Umweltressourcen" wie Wasser, Boden (Deponiebedarf) und Luft als Aufnahmemedien für Emissionen verstanden [vgl. Böhlke, 1994, S. 155].

Ansätze zur Technologiebewertung, die speziell im Rahmen der strategischen Unternehmensplanung zum Einsatz kommen, sind in der Darstellung von Technologielebenszyklen [vgl. o. V., 1993 b, 2075 f.] oder dem von McKinsey entwickelten S-Kurven-Konzept [vgl. Foster, 1982, S. 26 ff.; Foster, 1986, S. 27 ff.] (vgl. **Bild 3.6**) zu sehen.

Beiden Konzepten liegt der Ansatz zugrunde, ausgehend von prognostizierten Erwartungen hinsichtlich prognostizierter technologieimmanenter Entwicklungspotentiale, eine Bewertung vorzunehmen und Grenzen zu bestimmen. Bei der Betrachtung von Technologielebenszyklen wird angenommen, daß die zeitliche Entwicklung in Phasen einteilbar und insgesamt zeitlich begrenzt ist. Dieser zeitlichen Begrenzung steht eine sog. Technologiegrenze des S-Kurven-Konzeptes gegenüber, bei der die Technologie eine Leistungsgrenze aufweist, die den Wechsel zu einer neuen Technologie erforderlich macht.

Weil der Schwerpunkt der vorliegenden Betrachtung die Bewertung von Technologien unter Berücksichtigung einer konkreten Anwendung ist, werden technologische Potentiale, die über Technologielebenszyklen oder das S-Kurven-Modell von McKinsey bewertet werden, nicht berücksichtigt. Sollen die Ergebnisse dieser Arbeit für strategische Überlegung eingesetzt werden, ist die Integration dieser Ansätze problemlos möglich.

Die Bewertung von Entwicklungspotentialen, die für Technologien bestehen, wird im Rahmen dieser Arbeit bewußt ausgeklammert. Da der Schwerpunkt an dieser Stelle in der Bewertung der direkten Eignung für eine konkrete Anwendung liegt, sind die Entwicklungspotentiale nur von untergeordneter Bedeutung. Eine kritische Würdigung derartiger Ansätze kann bspw. bei Wolfrum [Wolfrum, 1991, S. 99 ff.] nachgesehen werden. Die Berücksichtigung derartiger Ansätze ist darüber hinaus zusätzlich möglich.

Da als Betrachtungsschwerpunkt die technologischen Unterschiede in den Auswirkungen auf das Produkt bestimmt wurden, werden Ansätze, die der Bewertung der technischen Funktionserfüllung dienen, nicht weiter betrachtet. Die grundsätzliche technische Machbarkeit der betrachteten Technologien wird an dieser Stelle aus den bereits genannten Gründen vorausgesetzt. Betrachtet werden allerdings Verfahren, die auf die technische Effektivität bezogen sind und Aussagen über die Produktivität, dem Verhältnis zwischen Produktionsergebnis und den Faktoreinsatzmengen, zulassen.

Technologielebenszyklen

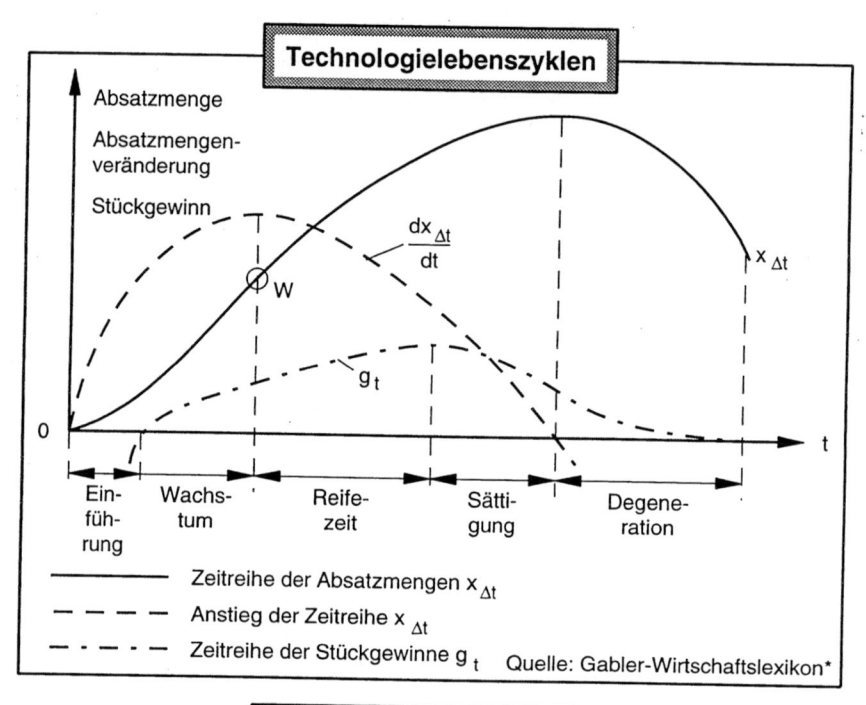

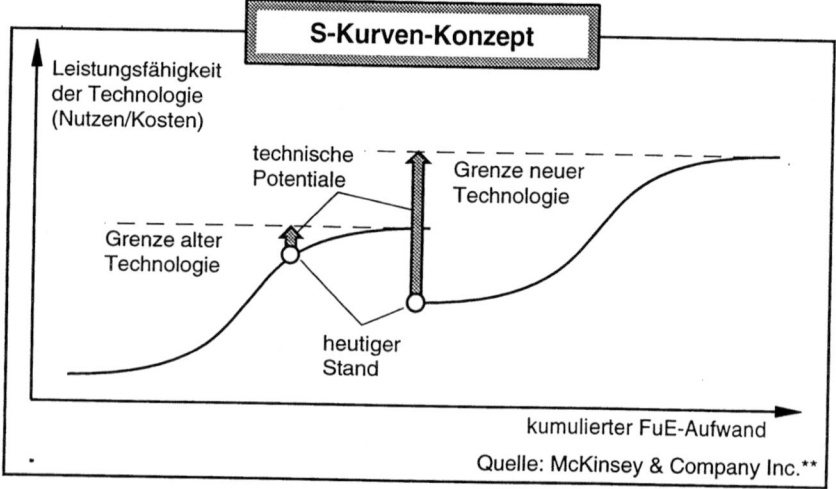

- Absatzmenge
- Absatzmengenveränderung
- Stückgewinn
- $\frac{dx_{\Delta t}}{dt}$
- $x_{\Delta t}$
- W
- g_t
- 0
- t

Einführung | Wachstum | Reifezeit | Sättigung | Degeneration

——— Zeitreihe der Absatzmengen $x_{\Delta t}$
– – – – Anstieg der Zeitreihe $x_{\Delta t}$
–·–·– Zeitreihe der Stückgewinne g_t Quelle: Gabler-Wirtschaftslexikon*

S-Kurven-Konzept

- Leistungsfähigkeit der Technologie (Nutzen/Kosten)
- technische Potentiale
- Grenze neuer Technologie
- Grenze alter Technologie
- heutiger Stand
- kumulierter FuE-Aufwand

Quelle: McKinsey & Company Inc.**

Bild 3.6: Ansätze zur strategischen Technologiebewertung [vgl. Eversheim, 1990 b, S. 28; **Foster, 1986, S. 27 ff.; *o. V., 1993 b, 2075 f.]

Große Bedeutung kommt den Wirtschaftlichkeitsbetrachtungen zu. Wirtschaftlichkeit wird gemäß dem Wirtschaftlichkeitsprinzip interpretiert, welches im Gegensatz zur

Produktivität auf das wertmäßige Verhältnis von erzieltem Ergebnis und dem dazu erforderlichen Einsatz bezogen ist.

Umweltorientierte Aspekte werden indirekt in die nachfolgenden Analysen einbezogen. Durch die Abbildung von Energie- und Materialeinsätzen sowie der entstehenden *Abfälle* und Emissionen wird die Umweltbelastung von Technologieanwendungen qualitativ ersichtlich. In vielen Fällen kann über mengenmäßige Betrachtungen die umweltverträglichere Technologiealternative bestimmt werden. Dieses soll jedoch nicht darüber hinwegtäuschen, daß eine absolute Bewertung ökologischer Techologiefolgen aufgrund der komplexen Wirkungszusammenhänge derzeit nicht möglich ist.

Für die Analyse der Einsatzmöglichkeiten von Technologien bezogen auf konkrete Produkte sind die weiteren in der Richtlinie benannten Technologiedimensionen ungeeignet.

Gemeinsam ist den dargestellten Ansätzen, daß ihnen der direkte Produktbezug fehlt. Das Produkt wird vielmehr als restriktive Randbedingung aufgefaßt, die im Pflichtenheft fixiert ist. Konkrete technologiespezifische Attributausprägungen am Produkt werden, solange die Anforderungen des Pflichtenheftes erfüllt sind, nicht weiter in die Überlegungen einbezogen. Durch die in der Richtlinie genannten Dimensionen zur Technikbewertung wird sowohl der Stand der Forschung als auch die herrschende Praxis wiedergegeben. Analysen der Produktauswirkung einer Technologie befinden sich derzeit noch in den Anfängen.

Technologieauswahl findet primär unter technologischen Gesichtspunkten statt und Autoren, die Marktorientierung betonen, betrachten damit Aspekte wie Qualität oder Lieferbereitschaft [vgl. bspw. Hinterhuber, 1993, S. 105], beziehen sich aber nicht auf die direkten Produkteigenschaften [Kordupleski, 1994, S. 65 ff.].

Nachfolgend werden die eingegrenzten Bewertungsansätze näher betrachtet, die dem Ziel dienen, den mit dem Technologieeinsatz verbundenen Ressourceneinsatz bewerten zu können.

Zur Darstellung der durch die Fertigung verursachten umweltrelevanten Auswirkungen sind auf den Lebenszyklus bezogene Input-Output-Analysen geeignet. Diese Ansätze sind im Rahmen des SFB 144 im Fraunhofer-Institut für Produktionstechnologie weiterentwickelt worden (vgl. **Bild 3.7**).

Vorgehensweise zur Produktlinienanalyse

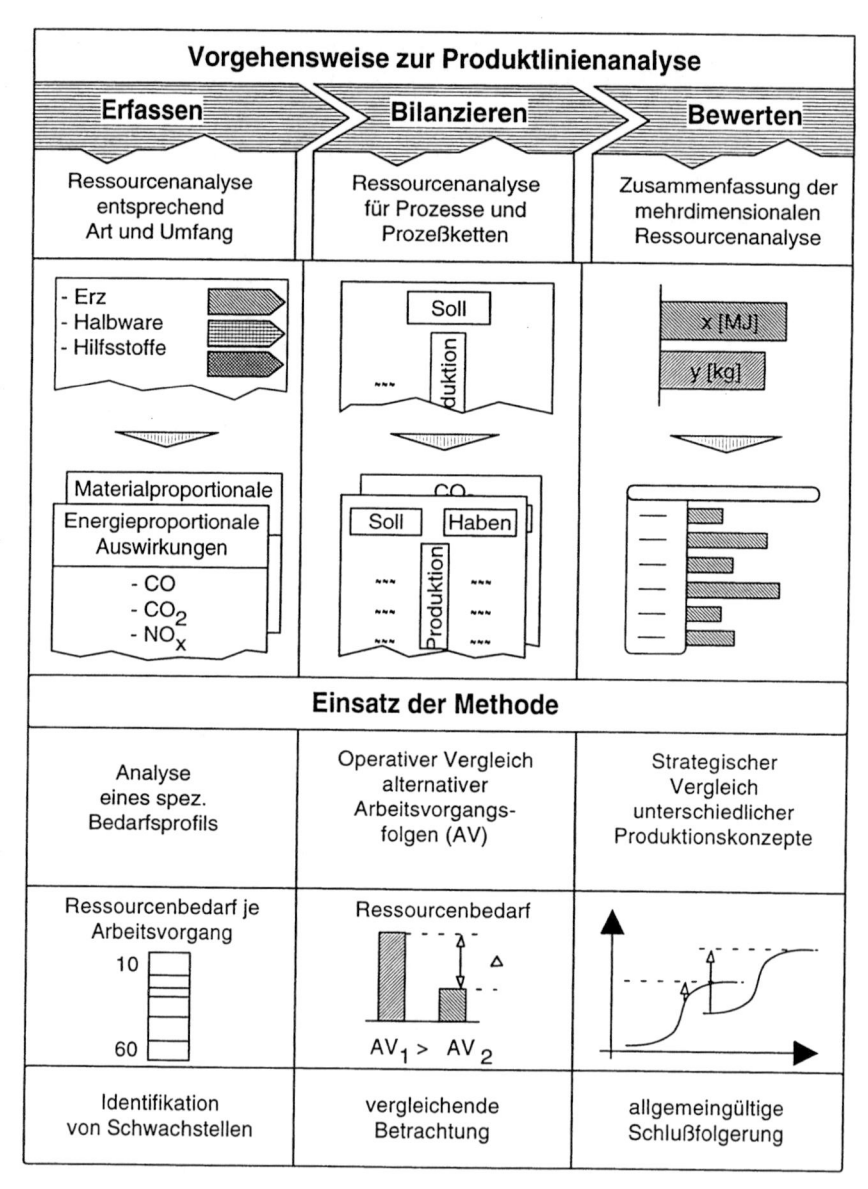

Erfassen → **Bilanzieren** → **Bewerten**

Ressourcenanalyse entsprechend Art und Umfang	Ressourcenanalyse für Prozesse und Prozeßketten	Zusammenfassung der mehrdimensionalen Ressourcenanalyse
- Erz - Halbware - Hilfsstoffe	Soll	x [MJ] y [kg]
Materialproportionale Energieproportionale Auswirkungen - CO - CO_2 - NO_x	CO Soll Haben	

Einsatz der Methode

Analyse eines spez. Bedarfsprofils	Operativer Vergleich alternativer Arbeitsvorgangsfolgen (AV)	Strategischer Vergleich unterschiedlicher Produktionskonzepte
Ressourcenbedarf je Arbeitsvorgang 10 60	Ressourcenbedarf $AV_1 > AV_2$	
Identifikation von Schwachstellen	vergleichende Betrachtung	allgemeingültige Schlußfolgerung

Bild 3.7: Differenzierte Form der LCA [vgl. Eversheim, 1994 b, S. 120; Pfeifer, 1993, S. 5 - 69]

Die Methode basiert auf einer ganzheitlichen, prozeßorientierten Erfassung, Bilanzierung und Bewertung der ein- und austretenden Stoff- und Energieströme (Input-

Outputanalyse) [vgl. Binding, 1988 b, S. 17 ff.; Eversheim, 1990 c, S. 41 ff.; Eversheim, 1991, S. 7 ff.; Eversheim, 1992 a, S. 46 ff.; Eversheim, 1994 b, S. 118 ff.; Böhlke, 1994, S. 28 ff.]. Die Bilanzgrenze der Analyse ist der gesamte Produktlebenszyklus von der Produktion über die Nutzung bis hin zur Entsorgung. In den Betrachtungen finden sowohl die horizontalen Prozeßketten, d. h. die Prozeßketten 1. Ordnung orientiert am Produkt, als auch die vertikalen Prozeßketten, d. h. die Prozeßketten höherer Ordnung, z. B. orientiert an den Produktionsmitteln, Berücksichtigung.

Durch die Anwendung dieser Methode ist einerseits der Ressourcenbedarf pro Prozeßschritt abbildbar und sowohl der Vergleich verschiedener Arbeitsvorgangsfolgen als auch der Vergleich kompletter Produktionskonzepte möglich. Andererseits können durch die Betrachtung der austretenden Stoff- und Energieströme die ökologischen Belastungen, die mit der Wahl einer Fertigungsfolge festgelegt werden, mengenmäßig quantifiziert werden. Durch die mediale Abbildung austretender Stoff- und Energieströme, d. h. die Berücksichtigung der die Ströme aufnehmenden Medien Boden, Luft oder Wasser, ist die Methode als Vorgehensweise zur Erstellung von Sachbilanzen im Rahmen der Ökobilanzierung zu betrachten.

Ökobilanzen stellen ein theoretisch umfassendes Instrumentarium zur Bewertung ökologischer Auswirkungen dar und können auf Produkte, Prozesse oder auch Unternehmen bezogen werden [vgl. o. V., 1994 a, S. 208 ff.]. Ausgehend von einer Zieldefinition zur Bestimmung des Anwendungsfalles der Bilanzierung wird eine Sachbilanz erstellt. Diese besteht aus einer medialen Abbildung der auftretenden Material- und Energieströme. Darauf aufbauend werden die Wirkungen dieser Ströme auf die Umwelt im Rahmen sog. Wirkbilanzen bestimmt. Abschließend erfolgt eine Bewertung [vgl. z. B. Neitzel, 1994, S. 15 ff.]. Praktisch bestehen die Probleme bei der Erstellung von Ökobilanzen in der Bewertung der in der Sachbilanz abgebildeten Ströme bei der Erstellung der Wirkbilanz.

Die Probleme sind konkret darin zu sehen, daß selbst bei lokal unabhängiger Betrachtung die ökologische Wirkung vieler Stoffe nicht bekannt ist. Noch komplexer wird die Situation, wenn die Wirkungen verschiedener Stoffe überlagert auftreten. Darüber hinaus bedarf die konkrete Wirkung von Stoffen einer lokalen Betrachtung, bei der die örtlich vorliegenden Fraktionen in die Bewertung mit einbezogen werden. Vor dem Hintergrund der bisher ungeklärten Vorgehensweise werden Ökobilanzen nachfolgend nicht weiter berücksichtigt. Eine Übersicht über bestehende Ansätze zur ökologieorientierten Bewertung wurde von Böhlke erstellt [vgl. Böhlke, 1994, S. 9 ff.].

3.2.2 Bestehende Ansätze zur Produkt- und Produktionsbewertung

Die nachfolgenden Ausführungen dienen der Bewertung der mit dem Technologieeinsatz verbundenen Vorteile. Die Produktion eines Gutes ist immer dann sinnvoll, wenn der Nutzen den Aufwand überwiegt (Wirtschaftlichkeitsprinzip). Diese Entscheidung hängt folglich von der Quantifizierung der den Nutzen und den Aufwand beschreibenden Größen ab. Nachfolgend werden die bestehenden Ansätze vor dem Hintergrund ihrer Eignung in bezug auf das vorliegende Entscheidungsproblem analysiert. Dazu sind zunächst die zur Bewertung zu verwendenden Maßstäbe zu definieren. Die bestehende Problematik wird an Hand der Betrachtung der Wertkette (s. **Bild 3.8**) dargestellt.

Porter entwickelt die sog. Wert- oder auch Wertschöpfungskette (engl. value chain), um über deren unternehmensspezifische Ausprägung Wettbewerbsstrategien und Wettbewerbsvorteile ableiten zu können [vgl. Porter, 1985, S. 86]. Im Rahmen dieser Untersuchung werden die Primäraktivitäten, welche den eigentlichen Wertschöpfungsprozeß beschreiben und die den Wertschöpfungsprozeß ergänzenden Unterstützungsaktivitäten unterschieden. Dabei sind sowohl die unternehmensinternen und die -externen Elemente als auch die Produktlebensphasen Produktion, Nutzung und Entsorgung mit einzubeziehen. An Hand der einzelnen Prozesse werden die Anforderungen verdeutlicht, welche an die jeweiligen Bewertungsmethoden gestellt werden (vgl. auch S. 46).

Die Markt-Analyse-Phase dient der Aufdeckung von Kundenwünschen und deren Umsetzung in Produktideen. Dabei ist der Wert des Produktes von Interesse, da er in dieser Phase zur Bestimmung zukünftiger Preise benötigt wird. (vgl. zur Problematik der Bestimmung des Produktwertes die Ausführungen ab S. 42). Durch Marktanalysen müssen die Vorstellungen der Kunden bezüglich der Preise herausgestellt werden. Die Bewertung des Produktes erfolgt in der Marktanalysephase entweder mit Marktpreisen, sofern es sich um ein bereits auf dem Markt erhältliches Produkt handelt, oder es müssen Marktpreise prognostiziert werden, die für ein Neuprodukt zu erzielen wären.

In der Phase der Produktplanung steht die Umsetzung der Kundenwünsche in Produktmerkmale im Mittelpunkt. D. h., ein Produkt wird weniger monetär als danach bewertet, ob es einen hohen Gebrauchswert für den Kunden hat. Die Umsetzung von Anforderungen hat auch Auswirkungen auf den monetär zu betrachtenden Wert des Produktes. Technisch anspruchsvolle Lösungen bedingen oftmals höhere Kosten.

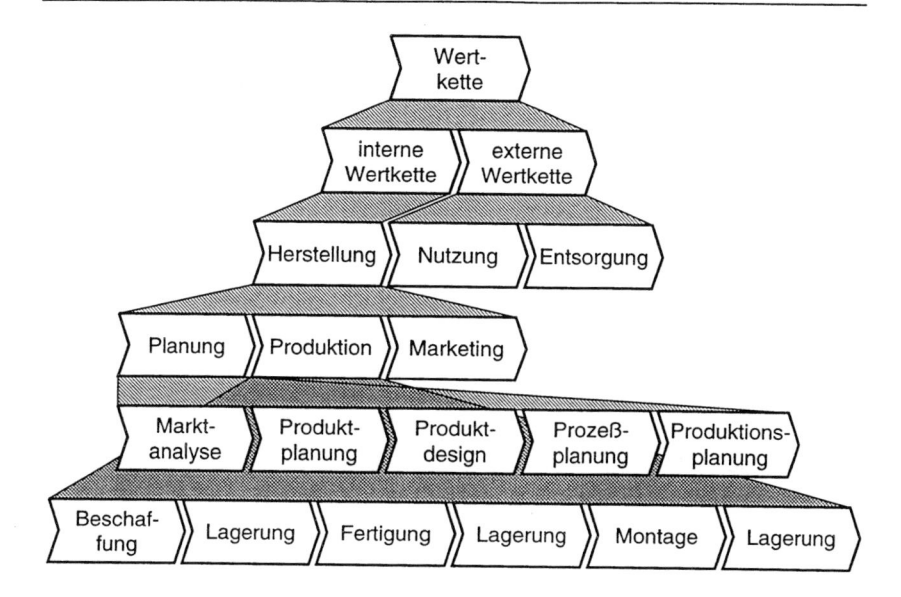

Kapitel 3   Modell zur Bewertung von Technologien   - 41 -

Bild 3.8: Die Wertkette

Im Rahmen der Produktionsplanung bestimmen der Marktpreis und die prognostizierten Absatzmengen des herzustellenden Produktes in hohem Maße den Planungsprozeß. So wird die Wahl des Produktionsverfahrens und die zu produzierende Stückzahl von dem zu erwartenden Marktpreis abhängen, also dem Wert bei Übergabe des Produktes an den Kunden.

Sobald die Produktion anläuft, kommt der Bewertung des Produktes in den verschiedenen Phasen des Produktionsprozesses eine vielfältige Bedeutung zu. Die erste Phase der Produktion umfaßt die Beschaffung der notwendigen Zukaufteile, Hilfs- und Betriebsstoffe sowie Rohmaterialien. Eine Bewertung dieser Produktbestandteile muß einerseits für das externe Rechnungswesen und andererseits für die Kostenrechnung, das interne Rechnungswesen, erfolgen. Unterschiedliche Bewertungsverfahren führen in dieser Phase zu differierenden Werten. Erfolgt die Bewertung im Rahmen des Produktionsprozesses mit den Kosten als Maßstab, dann führt auch die Lagerung zu einer Wertsteigerung, da Kosten für die Lagerhaltung (für das Lager, Lagerhilfsmittel sowie für die Personal- und Kapitalbindungskosten) anfallen. Außerdem führt die Verwendung unterschiedlicher Kostenrechnungsverfahren zu Abweichungen in der Bewertung. Als zusätzlicher Maßstab zur Bewertung des Produktes während des Herstellungsprozesses muß daher die Wertschöpfung herangezogen werden. Auf diese Weise können einseitige Werterhöhungen bei der Bewertung mit Herstellkosten, wie zum Beispiel bei der zuvor erläuterten Wertsteigerung durch Lagerung, vermieden werden.

Der Montage-Prozeß unterliegt denselben Randbedingungen wie die Fertigung und muß daher in ähnlicher Weise betrachtet werden. Das Lagern der fertiggestellten Produkte ist der letzte Schritt in der Produktionsphase. Eine Bewertung des Lagerbestandes kann auch an dieser Stelle nach unterschiedlichen Maßstäben erfolgen. Dabei sind wiederum die Besonderheiten der verschiedenen Kostenrechnungssysteme zu beachten. Die Bewertung der Produkte zu Marktpreisen wäre ebenso denkbar.

Der Übergang des Produktes vom Hersteller zum Kunden kann direkt oder über Händler erfolgen. Durch mehrere Stationen zwischen Hersteller und Kunden wird der Marktpreis als Bewertungsmaßstab ansteigen, der eigentliche Wert des Produktes aus der Perspektive des Kunden jedoch nicht. Aus dieser Darstellung wird deutlich, daß die Perspektive, aus der die Betrachtung des Wertes erfolgt, einerseits bedeutend für die Auswahl des Bewertungsmaßstabes ist und andererseits einen Einfluß auf die Ausprägung des Wertes hat. Der Marktpreis, den der Kunde für das Produkt zu zahlen bereit ist, hängt vom Erfüllungsgrad der Produktanforderungen ab. Dadurch wird eine qualitative Bewertung (Erfüllungsgrad der Produktanforderungen) einer quantitativen (Höhe des Marktpreises) gegenübergestellt. Sobald das Produkt in den Besitz des Kunden übergegangen ist, nimmt der Wert des Produktes mit kleiner werdender Restnutzungsdauer ab. Diese Bewertung erfolgt in der Regel über die kalkulatorische Abschreibung als quantitatives Bewertungsverfahren. Die Bestimmung der kalkulatorischen Abschreibung führt jedoch je nach Abschreibungsmethode und Zeitraum zu unterschiedlichen Restwerten. Außerdem muß diese Bewertung in keiner Beziehung zum Wert des Produktes für den Kunden stehen.

Aus diesen Ausführungen folgt die Bedeutung der Bestimmung des Produktwertes und dessen Quantifzierung. Ausgehend von der Analyse existierender Wertbegriffe werden Verfahren bestimmt, diese zu quantifizieren.

Der Bestimmung des Produktwertes muß ein Maßstab zugrunde gelegt werden, der jedoch keineswegs einheitlich definiert ist. So existieren einerseits zwischen den verschiedenen Wissenschaftsdisziplinen und andererseits innerhalb dieser unterschiedliche Auffassungen über die Definition des Wertbegriffes.

In der Mathematik wird unter dem Wert die konkrete quantitative Ausprägung einer Variablen verstanden. Dagegen wird der Wert in den Sozialwissenschaften, insbesondere in der Wertethik, als ein nach ethischen Imperativen folgendes anzustrebendes

Ziel interpretiert. In weiten Teilen der Umgangssprache wird unter dem Wert zumeist der Grad der Brauchbarkeit eines Mittels zur Erfüllung eines Zweckes aufgefaßt [vgl. Stützel, 1987, S. 4404].

Der ökonomische Wertbegriff ist von der zugrunde gelegten Werttheorie abhängig. Es können drei grundlegende Werttheorien unterschieden werden:

- die objektivistische Werttheorie oder auch Kostenwerttheorie,
- die subjektivistische Werttheorie oder auch Nutzwerttheorie
- sowie die moderne Werttheorie.

Als Kernaussage der objektivistischen Werttheorie gilt die Bestimmung eines Tauschwerts über die zur Herstellung aufgetretenen Kosten. Ein Gebrauchswert, d. h. die Möglichkeit über Güter Bedürfnisse zu decken [vgl. Wöhe, 1986, S. 944 ff.], bleibt hierbei weitgehend unberücksichtigt. Innerhalb dieser Theorie sind drei weitere Richtungen zu unterscheiden:

- Bestimmung des Wertes der Güter über die Produktionskosten (hier im wesentlichen Arbeitslohn, Kapitalzins und Bodenrente) - Produktionskostentheorie
- Bestimmung des Wertes der Güter über den Arbeitslohn - Arbeitswerttheorie
- Bestimmung des Wertes der Güter über den Tauschwert - objektivistische Werttheorie. Daraus folgt, daß durch den Verkauf des Produktes kein zusätzlicher Wert entstehen kann [vgl. Stützel, 1987, S. 4424].

Im Rahmen der subjektivistischen Werttheorie (Nutzwerttheorie) wird der Wert eines Produktes aus dem Gebrauchswert unter Berücksichtigung subjektiver und psychologischer Erklärungsansätze abgeleitet. Neuere Ansätze der modernen Werttheorie vereinen die Ansätze objektivistischer und subjektivistischer Werttheorien durch die gleichzeitige Betrachtung von Aufwand und Nutzen.

Zusätzlich zu den unterschiedlichen Perspektiven der verschiedenen Werttheorien sind bei Bestimmung des Wertes die Auswirkungen der Phänomene von Bewertungs-Monismus und Summen-Dogma zu beachten. Unter dem Bewertungs-Monismus ist die Annahme zu verstehen, daß die Bestimmung des Wertes eines Produktes im selben Zeitpunkt durch denselben Entscheidungsträger immer aufgrund eines einzigen Entscheidungsfeldes erfolgen würde. Als Summen-Dogma, dem einige der Werttheorien unterliegen, wird die Annahme bezeichnet, daß die Werte von Teilen eines Ganzen addierbar sind und als Summe den Marktpreis ergeben [vgl. Stützel, 1987, S. 4420 ff.].

Im Rahmen der wissenschaftlichen Auseinandersetzung mit Methoden zur Bestimmung des Produktwertes kann nicht allen Besonderheiten verschiedener Entscheidungssituationen Rechnung getragen werden. Ziel ist es jedoch, im Sinne einer modernen Werttheorie, einen möglichst umfassenden Wertbegriff, der sowohl subjektivistische als auch objektivistische Sichtweisen vereint, zu verwenden. Daher werden im folgenden Teil der Arbeit die nachfolgend aufgeführten Wertdefinitionen angewendet.

Die Begriffsbestimmungen dienen der Abbildung des Zusammenhangs zwischen der Befriedigung der Beschaffungsanforderungen und den niedrigsten Gebrauchskosten, wie zum Beispiel: "Value, as perceived by the customer, is the satisfaction of purchase requirements at the lowest total cost in use" [De Rose, 1991, S. 88]. Eine präzise Aufschlüsselung der verschiedenen Wertbegriffe gibt Reddy [vgl. Reddy, 1991, S. 15]. Er unterscheidet die in **Bild 3.9** differenzierten Begriffe.

Der *Funktionswert* (use value) wird als die vom Kunden erwartete Produktfunktionalität verstanden. Zwei Bedingungen sind zur Gewährleistung des Funktionswertes zu erfüllen. Erstens muß die Funktionserfüllung und zweitens die Verläßlichkeit durch das Produkt für den Kunden gegeben sein. Unter Verläßlichkeit sind akzeptable Wartungsintervalle sowie weitgehende Störungsfreiheit zu verstehen. Die Erfüllung der Bedingungen des Funktionswertes ist als unabdingbare Voraussetzung für die Auswahl eines Produktes anzusehen.

Als Produktwert (value-in-use oder auch economic value to the customer) ist der höchste Preis für das Produkt zu verstehen, den der Kunde für die wirtschaftlich quantifizierbare Eigenschaften gerade noch zu zahlen bereit ist. Die wirtschaftlich faßbaren Eigenschaften werden über den gesamten Produktlebenslauf betrachtet. Dieses beinhaltet sowohl den Wert des Produktes beim Produkterwerb (Funktionswert) als auch darüber hinausgehende Eigenschaften, die nach dem Kauf entstehen. Dazu zählen Ausgaben für die Wartung, die Reparatur, den Service, den Betrieb oder die Entsorgung. Der Produktwert (value-in-use) vereinigt einerseits die Anforderungen des Funktionswertes (use value) hinsichtlich der Funktionserfüllung sowie der Zuverlässigkeit des Produktes und andererseits die Höhe der Ausgaben über die Produktlebensdauer als Beurteilungskriterien. Damit reicht der Produktwert als inhaltliche Interpretation der Wertbestimmung des Produktes aus, solange ausschließlich die zur Funktionserfüllung und Zuverlässigkeit notwendigen Produktattribute betrachtet werden. Daher erfolgt die Wahl zwischen den Produkten, die die Mindestanforderungen erfüllen, bei ausschließlicher Betrachtung der Produktattribute über den Vergleich der Ausgaben für den Produktlebenszyklus.

Kapitel 3 Modell zur Bewertung von Technologien

Produktwert value in use	Gesamtwert perceived value
Funktionswert use value	

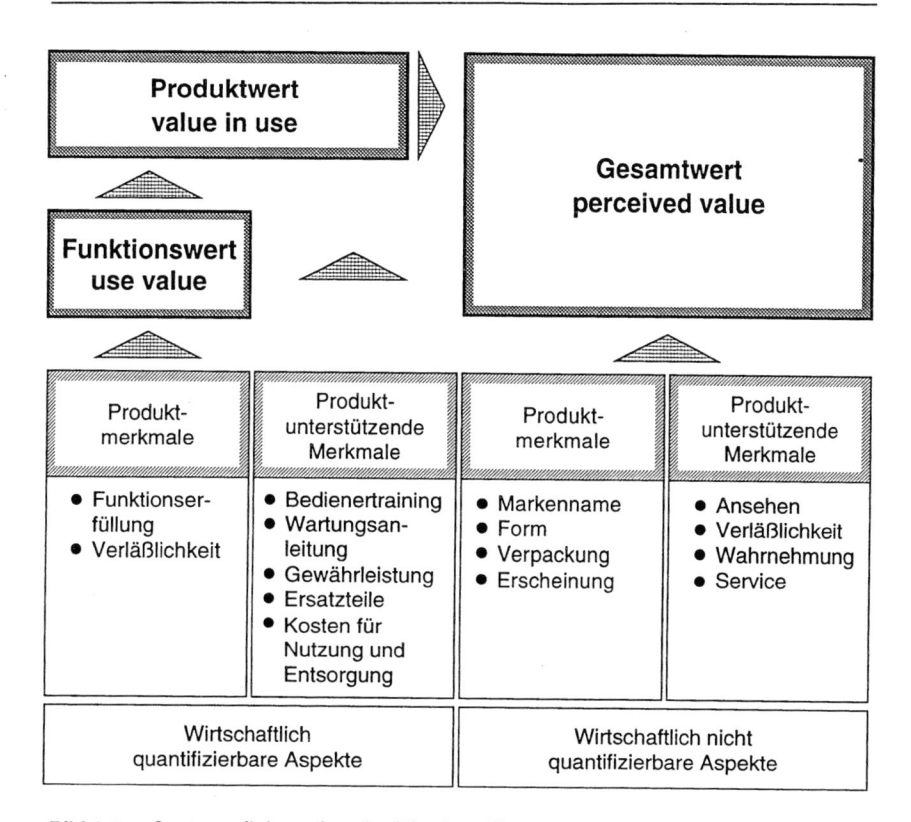

Produkt- merkmale	Produkt- unterstützende Merkmale	Produkt- merkmale	Produkt- unterstützende Merkmale
• Funktionser- füllung • Verläßlichkeit	• Bedienertraining • Wartungsan- leitung • Gewährleistung • Ersatzteile • Kosten für Nutzung und Entsorgung	• Markenname • Form • Verpackung • Erscheinung	• Ansehen • Verläßlichkeit • Wahrnehmung • Service
Wirtschaftlich quantifizierbare Aspekte		Wirtschaftlich nicht quantifizierbare Aspekte	

Bild 3.9: Systematik bestehender Wertbegriffe

Anbieter versuchen aber auch über Differenzierungsstrategien Marktanteile in Märkten mit homogenen Produkten, die sich kaum hinsichtlich der quantifizierbaren Produktattribute unterscheiden, zu erlangen. Diese Differenzierung wird über die subjektiven Attribute vorgenommen. Da der Funktions- und der Produktwert ausschließlich die wirtschaftlich quantifizierbaren Produktattribute beschreiben, ist der *Gesamtwert* (perceived value), als dritte, auch die immateriellen Aspekte berücksichtigende Interpretation des Wertes notwendig.

Der Gesamtwert eines Produktes ist gleich dem Maximalpreis, den der Kunde für alle Eigenschaften wirtschaftlicher und nicht wirtschaftlicher Art zu zahlen bereit ist. Durch die Einbeziehung auch nicht wirtschaftlicher Attribute, wie zum Beispiel dem Markennamen, dem Design, oder dem Service und dem Ruf des Verkäufers, ist der Gesamtwert als der alle Produkt- und produktunterstützenden Eigenschaften umfassende Wertbegriff zu sehen.

Der Begriff der Wertschöpfung, wie er im Rahmen dieser Arbeit verwendet wird, bezieht sich auf die positive Veränderung der zuletzt definierten Wertbegriffe. Sofern ein Zuwachs bei einem dieser Wertbegriffe zu vermerken ist, liegt Wertschöpfung vor. Aufbauend auf den dargestellten Ansätzen, den Produktwert zu definieren, werden Verfahren zur Quantifizierung analysiert.

3.2.2.1 Methoden der strategischen Unternehmensplanung als Bewertungsmaßstab

Dem Bereich der strategischen Unternehmensplanung sind das Wertketten-Konzept von Porter und das Konzept des ökonomischen Mehrwertes von McKinsey zuzuordnen. Beide Ansätze sind auf die Beurteilung der Wertschöpfung ausgerichtet.

Die von Porter entwickelte Wert- oder auch Wertschöpfungskette (value chain) ist ein Hilfsmittel der strategischen Unternehmensplanung zur Aufdeckung von Wettbewerbsvorteilen. Mittels der Wertkette werden die Tätigkeiten des Unternehmens in strategisch relevante Tätigkeiten gegliedert, um das Kostenverhalten sowie vorhandene und potentielle Differenzierungsquellen zu entdecken. Im Rahmen der Betrachtungen werden die Primäraktivitäten, durch die der eigentliche Wertschöpfungsprozeß beschrieben wird und die den Wertschöpfungsprozeß ergänzenden Unterstützungsaktivitäten unterschieden. Als Primäraktivitäten werden die interne Logistik, die Produktion, die externe Logistik, das Marketing und der Verkauf sowie der Service eingeordnet. Unterstützungsaktivitäten sind die Infrastruktur der Unternehmung, das Human Resource Management, die Technologieentwicklung sowie die Beschaffung [vgl. Porter, 1985, S. 86].

Durch die Untersuchung der Unternehmenswertkette können die Wettbewerbsvorteile identifiziert werden. In diesem Zusammenhang wird ermittelt, wodurch das Produkt oder der Service für den Kunden einen besonderen Wert hat, um im Anschluß an die Analyse die Planung der Unternehmensstrategie vornehmen zu können.

Porter definiert den Wert eines Produktes als den Preis, den der Kunde zu zahlen bereit ist [vgl. ebenda S. 3 ff.]. Mittels des Wertketten-Konzeptes ist eine Identifizierung der Ursachen für einen höheren Wert der Produkte möglich, jedoch ist es nicht zur Ermittlung desselben geeignet.

Mit dem von der Unternehmensberatungsgesellschaft McKinsey & Co. entwickelten Konzept des ökonomischen Mehrwertes (economic-surplus) stehen eine Reihe analytischer Ansätze zur Verfügung, welche der Identifizierung, Detaillierung und

Bewertung von strategischen Alternativen dienen [vgl. Hanna, 1990, S. 57]. Dabei werden vier grundsätzliche Quellen eines ökonomischen Mehrwertes unterschieden:

- die Mehrwertkette (surplus chain),
- die *Ergänzungs-* oder *Erweiterungskette* (complements chain),
- die *Ersatzkette* (substitutes chain) und
- die *Kaufhemmnisse* (barriers to purchase).

Vorwiegend werden diese Werkzeuge zur strategischen Analyse eingesetzt, um Investitionsentscheidungen in neue Produkte und Produktionsverfahren vorzubereiten.

Hauptbestandteil dieser Analysen ist die sogenannte Mehrwertkette. Dieses Modell dient der Betrachtung verschiedener Elemente der zu untersuchenden Wertkette vom Rohstoff bis zum Endabnehmer [vgl. Hanna, 1990, S. 57 ff.]. Betrachtungsgegenstand ist der ökonomische Mehrwert (surplus), welcher bei der Produktion zu minimalen Kosten in den jeweiligen Gliedern der Wertkette zu erzielen ist. Der ökonomische Mehrwert (economic surplus) ist als die Differenz zwischen dem durch das betrachtete Unternehmen vom nächsten Abnehmer geforderten Preis und den Produktionskosten zu verstehen. Dabei ist zwischen dem Herstellermehrwert (producer surplus), welcher aus der Differenz zwischen dem vom Produzenten erzielten Preis und den Kosten inklusive Kapitalrendite (return on capital) gebildet wird, und dem *Konsumentenmehrwert* (consumer surplus) zu unterscheiden. Der Konsumentenmehrwert ist die Differenz zwischen dem Preis des Endproduktes und dem Gebrauchswert (economic value to the customer oder auch value-in-use) für den Endverbraucher [vgl. Reddy, 1991, S. 15].

Durch die Zuordnung der verschiedenen Arten des Mehrwertes zu den einzelnen Gliedern der Wertkette und einer anschließenden Visualisierung in der Mehrwertkette wird die Suche nach strategischen Freiheitsgraden entscheidend unterstützt. Mit Hilfe der Mehrwertkette werden die Glieder der Kette herausgearbeitet, in denen ein signifikanter Mehrwert für die Unternehmung zu erzielen ist. Daraus können Maßnahmen abgeleitet und Investitionsentscheidungen getroffen werden. Die bestehende strategische Alternative kann z. B. eine vertikale Integration sein, um den Mehrwert, der durch die nachgelagerten Produktionsstufen erzielt wird, abzuschöpfen.

Die dargestellten Methoden der strategischen Unternehmensplanung sind nicht zur Bewertung von Produkten geeignet. Dieses liegt an der Zielrichtung, die mit dem Einsatz der Methoden verfolgt wird. Es sollen strategische Optionen für die Unternehmung herausgearbeitet werden und nicht einzelne Produkte vor dem Hintergrund einer geänderten Technologie bewertet werden. Im Rahmen der Anwendung von Methoden zur strategischen Unternehmensplanung werden zwar Aussagen über den Wert von Produkten gemacht, eine konkrete Quantifizierung erfolgt jedoch nicht.

3.2.2.2 Kosten als Bewertungsmaßstab

Vielfach wird der Wert eines Produktes an den bei der Herstellung verursachten Kosten orientiert. Unter dem Begriff der Kosten wird der im Rahmen der betrieblichen Leistungserstellung monetär bewertete Leistungsverzehr verstanden [Wöhe, 1986, S. 446]. Auf die bestehende Problematik wurde am Beispiel der Lagerkosten hingewiesen, die keinen Einfluß auf den Funktionswert haben [vgl. Fröhling, 1990, S. 10 ff.]. Bei einer Betrachtung der Aufgaben der Kostenrechnung, die in:

- der Kontrolle der Wirtschaftlichkeit,
- der Kalkulation der betrieblichen Leistung sowie der Bestandsbewertung und
- der Bereitstellung von Zahlenmaterial zur Entscheidungsunterstützung für dispositive Fragestellungen

bestehen [Coenenberg, 1992, S. 36 ff.], wird deutlich, daß die Einsatzmöglichkeiten von Verfahren der Kostenrechnung im Bereich der Bewertung der eingesetzten Ressourcen liegen. Sie sind nicht geeignet, einen Produktwert festzulegen, der über den Markt vorgegeben wird. Kosten sind dann zur Bestimmung der Wirtschaftlichkeitskenngrößen heranzuziehen, indem sie zum möglichen Marktpreis in Relation gesetzt werden.

In jüngerer Vergangenheit wurden ressourcenorientierte Betrachtungsweisen mit dem Ziel der Bewertung im Rahmen der Prozeßanalysen wieder aufgenommen. Zahlreiche Autoren greifen diese Gedanken auf und bewerten unter verschiedenen Gesichtspunkten die zur Durchführung bestimmter Tätigkeiten erforderlichen Einsätze (Ressourcen).

Besonders sind an dieser Stelle die Ansätze von Schuh [Schuh, 1988, S. 102 ff.], Hartmann [Hartmann, 1993, S. 56 ff.] und Ullmann [Ullmann, 1994, S. 94 ff.] zu nennen. Gemeinsam ist die Ressourcenorientierung bei der Bewertung. Die Ansätze unterscheiden sich hinsichtlich der Anwendungsfälle, d. h. hinsichtlich der Aussage aufgrund unterschiedlicher Fragestellungen und dadurch bedingt in der Berücksichtigung unterschiedlicher Ressourcen. Weitere Ansätze, wie z. B. von Kettner, der den Informationsbedarf zur Konzeption eines Informationssystems ressourcenorientiert beschreibt [Kettner, 1987, S. 44 ff.], werden nicht weiter berücksichtigt.

Das von Schuh entwickelte Kostenmodell dient der Quantifizierung und verursachungsgerechteren Auflösung varianteninduzierter Gemeinkosten [vgl. Schuh, 1988, S. 92 ff.] vor dem Hintergrund, daß monetäre Auswirkungen von Varianten durch eine Betrachtung von Einzelkosten und Gemeinkostenzuschlägen unzureichend beschrieben werden [vgl. Caesar, 1991, S. 5 f.; Schuh, 1994 b, S. 99]. Mit dem Argument der Beschränkung auf entscheidungsrelevante Kostengrößen betrachtet Schuh zunächst sog. Partialkosten, d. h. entscheidungsrelevante Kosten, zeigt aber in jüngeren Veröffentlichungen, daß der Ausbau des Modells zur Betrachtung der Vollkosten möglich ist [vgl. Schuh, 1993, S. 184 f.; Schuh, 1994 b, S. 102].

Die Vorgehensweise der Bestimmung von Kosten zur Bewertung des Ressourcenverbrauches ist in **Bild 3.10** dargestellt.

In Nomogrammen werden ausgehend von prozeßspezifischen Einflußgrößen über Verbrauchsfunktionen Bezugsgrößen bestimmt, die dann über Kostenfunktionen in Kosten überführt werden. Für komplexe Prozesse können durchaus mehrere Einflußgrößen erforderlich sein [vgl. Schuh, 1988, S. 120 ff.].

Hartmann entwickelt ein Kostenmodell, um die Kosten eines Produktes zu bestimmen, die bei der Montage entstehen. Dazu betrachtet er auch das Material als Ressource, da er im Gegensatz zu Schuh, dessen Ziel in der Bewertung der variantenspezifischen Gemeinkosten besteht, Vollkosten berücksichtigt. Hartmann bestimmt für verschiedene Montageprozesse Kostenfunktionen, um die Kosten der Montagetätigkeiten (-prozesse) monetär zu bewerten [Hartmann, 1993, S. 74 ff.]. Aufgrund der Kenntnis dieser Funktionen kann der Konstrukteur Produkte montagegerecht, d. h. in diesem Zusammenhang mit dem Ziel minimaler Ressourcenbeanspruchung (kostengerecht) und damit minimaler Montagekosten, gestalten (design to costs) [vgl. Schuh, 1994 b, S. 100].

Ullmann bezieht sich direkt auf die Ausführungen von Hartmann [vgl. Ullmann, 1994, S. 95 ff.], adaptiert die Methode zur Bewertung von Verfahrensketten innovativer Technologien und berücksichtigt über die Produktion hinaus auch die Produktlebensphasen Nutzung und Entsorgung.

In den verschiedenen Methoden treten durchaus Unterschiede im Verständnis der Ressourcen auf, die durch die spezielle Anwendung begründet sind. So liegt dem Ansatz von Schuh die Abbildung und Kontrolle variantenspezifischer Gemeinkosten zugrunde, die daher ausschließlich berücksichtigt werden. In die Bewertungen von Hartmann und Ullmann gehen hingegen auch Einzelkosten ein. Gemeinsam ist den

Modell zur Bewertung von Technologien Kapitel 3

1 Bestimmung von Bezugsgrößen

2 Ableitung von Verbrauchsfunktionen

3 Ableitung der Kostenfunktion

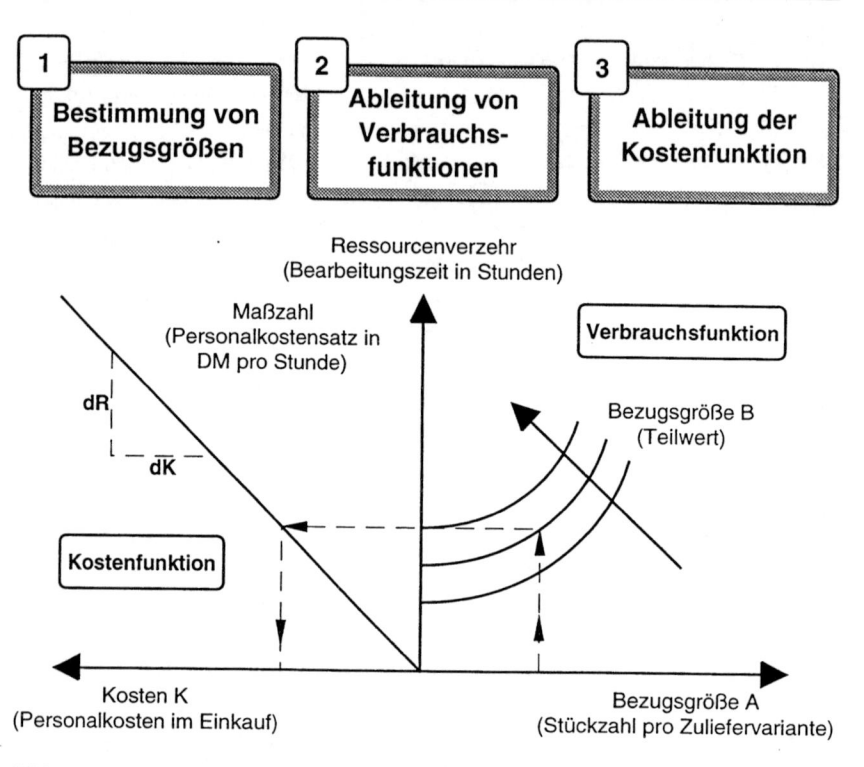

[Diagramm: Koordinatensystem mit Ressourcenverzehr (Bearbeitungszeit in Stunden) als vertikale Achse, Maßzahl (Personalkostensatz in DM pro Stunde), dR, dK, Kostenfunktion, Kosten K (Personalkosten im Einkauf), Verbrauchsfunktion, Bezugsgröße B (Teilwert), Bezugsgröße A (Stückzahl pro Zuliefervariante)]

Bild 3.10: Monetäre Bewertung des Ressourcenverzehrs (vgl. Schuh, 1994 a, S. 167)

dargestellten Ansätzen die Verwendung des Ressourcenansatzes bei der Kalkulation von Produkten unter verschiedenen Randbedingungen.

3.2.2.3 Wertanalytische Methoden als Bewertungsmaßstab

Wertanalytische Methoden dienen primär der Optimierung des Verhältnisses von Wert und Kosten [vgl. Bucksch, 1985, S. 350]. Die Ergebnisse beziehen sich auf die rein monetäre Komponente des Wertes. Dabei sind zwei prinzipielle Ziele der Kostenreduzierung zu unterscheiden. Zur Reduzierung der Produktkosten, also der Verminderung von Grenz- oder proportionalen Kosten, dienen die Wertanalyse und das Value Engineering. Daneben existieren wertanalytische Verfahren zur Reduzierung der fixen Kosten oder Strukturkosten, wie die Gemeinkostenwertanalyse und das Zero Base Budgeting, die aber aufgrund ihrer Ausrichtung zur Reduktion der Kosten im Gemeinkostenbereich zur Produktbewertung nicht geeignet sind und daher nicht weiter berücksichtigt werden [vgl. Stamm, 1984, S. 25 ff.; Gutzler, 1992, S. 120 ff.; Lemke, 1992, S. 273; Volz, 1987, S. 870 ff.].

Unter der Wertanalyse (value analysis) ist eine systematische Vorgehensweise zur Wertsteigerung von Produkten zu verstehen. Ursprünglich war das Ziel die Wertverbesserung von bereits im Produktionsprozeß befindlichen Gütern. Mittlerweile dient die Wertanalyse vorwiegend der Wertgestaltung (value engineering) neuer Produkte [vgl. Bullinger, 1994, S. 74; Jehle, 1991, S. 287]. Das Hauptziel der Wertanalyse, die Wertsteigerung, wird entweder durch eine Reduzierung der Kosten oder durch eine Erhöhung der Funktionserfüllung des Wertanalyseobjektes erzielt.

Zusammenfassend kann festgestellt werden, daß wertanalytische Verfahren nicht zur Quantifizierung des Produktwertes sondern der Erhöhung der Funktionserfüllung dienen. Es wird nur eine Kennzahl für den Produktwert gebildet, die jedoch über den konkreten Anwendungsfall hinaus keine Aussagekraft besitzt.

3.2.2.4 Multivariate Analysemethoden als Bewertungsmaßstab

Multivariate Analysemethoden sind Methoden der Statistik oder der statistischen Entscheidungstheorie zur Analyse von Wirkungszusammenhängen in den Naturwissenschaften oder der Technik, von wissenschaftlichen Experimenten oder von realen Entscheidungssituationen unter Berücksichtigung mehrerer unabhängiger Variablen.

Bei der Auswahl eines Produktes nimmt der Entscheider einen subjektiven Bewertungsprozeß vor. Dieser ist von der jeweiligen Präferenz des Entscheiders und deren Abbildung durch eine Wertfunktion abhängig. Mittels bestimmter multiattributiver Analysemethoden ist die Analyse dieser Wertfunktion möglich.

Unter einer multiattributiven Wertfunktion ist eine aggregierte Wertfunktion für verschiedene Attribute (unabhängige Variable) zu verstehen. Multiattributive Wertfunktionen setzen sich aus verschiedenen Einzelwertfunktionen zusammen. Durch eine multiattributive Wertfunktion wird jeder Entscheidungsalternative ein Wert in Abhängigkeit von ihren Attributausprägungen zugeordnet. Ziel ist die Darstellung der Präferenzstärke des Entscheiders bezüglich einer Entscheidungsalternative. Da die Ausprägungen der Attribute als mit Sicherheit bekannt angenommen werden können, wird von einer Entscheidung bei Sicherheit ausgegangen. Diese Annahme ist durchaus realistisch, da Entscheidungen über den Erwerb von Investitionsgütern erst nach einer möglichst umfassenden Informationsphase getroffen werden.

Zur Analyse der multivariaten Wertfunktion ist die *Dekomposition* der Entscheidungssituation notwendig. Unter Dekomposition ist die Zerlegung des Entscheidungsproblems in Komponenten zu verstehen. Diese sind die Handlungsalternativen, die Ziele und Präferenzen des Entscheidungsträgers, die Umwelteinflüsse sowie die Wirkungen von Umwelt- und Handlungsalternativen auf das Ergebnis. Komponenten werden ihrerseits wieder dekomponiert, um eine Abbildung des Entscheidungsproblems im Modell zu ermöglichen [vgl. Eisenführ, 1994, S. 9]. Grundlage für die Dekomposition ist die Annahme der präskriptiven Entscheidungstheorie, daß sich schwierige Entscheidungsprobleme, wie die Wahl zwischen zwei Produkten, durch Zerlegung in Komponenten besser lösen lassen [ebenda, S. 16]. Aufgrund dieser Annahme ist es auch möglich, die aggregierte Wertfunktion (multiattributive Wertfunktion) eines Entscheiders in Einzelwertfunktionen zu zerlegen, um den jeweiligen Einfluß des einzelnen Attributs auf die Entscheidung zu ermitteln.

Die Wertfunktion als mathematische Darstellung der Präferenz des Entscheiders kann unterschiedliche Skalierungen aufweisen. Es sind die ordinal skalierte oder nicht-meßbare Wertfunktion, die nur zur Ordnung der Entscheidungsalternativen ohne eine Bewertung der Präferenz führt, und die kardinale Wertfunktion, welche eine Abbildung der Stärke der Präferenz erlaubt, zu unterscheiden [vgl. ebenda, S. 97]. Die Bestimmung von Wertunterschieden erfordert ein kardinales und nicht nur ein ordinales Meßniveau.

Die nicht-metrische Skala wird in die Nominalskala und in die Ordinalskala, durch die eine Rangwertung mit Ordinalzahlen möglich ist, unterteilt. Metrische Skalen verfügen über äquidistante Teilungen. Unterschieden werden die Intervallskala ohne sowie die Verhältnisskala mit natürlichem Nullpunkt. Die °Celsius Temperaturskala ist ein Beispiel für die Intervallskala und das Längenmaß Meter eines für die Verhältnisskala. Die Art der Skalierung hat Einfluß auf die Anwendbarkeit der mathematischen Operationen, wie in **Bild 3.11** dargestellt [vgl. Bleymüller, 1994, S. 3 f.; Bortz, 1993, S. 20 ff.].

Die einfachste und wichtigste, die additive multiattributive Wertfunktion, auch Scoring-Modell, Punktbewertungsverfahren oder Nutzwertanalyse genannt, wird im folgenden dargestellt. Es wird davon ausgegangen, daß sich die gewichteten Einzelwerte einer Entscheidungsalternative zu einem Gesamtwert addieren [vgl. Eisenführ, 1994, S. 111].

Das zur Analyse vieler Entscheidungssituationen angewendete additive Modell hat folgende Form:

Einordnung möglicher Aussagen / Formen	nicht-metrisch	metrisch	Häufigkeit	Rangordnung	äquidistante Skalenabschnitte	natürlicher Nullpunkt	Addition	Subtraktion	Multiplikation	Division	Median	Rangkorrelation	arithmetischer Mittelwert	Standardabweichung	Maßkorrelation	Summe
Nominalskala	●	●														
Ordinalskala	●		●	●								●	●			
Intervallskala		●	●	●	●		●	●			●		●	●	●	
Verhältnisskala		●	●	●	●	●	●	●	●	●	●		●	●	●	●

Bild 3.11: Formen der Skalierung

$$v(a) = \sum_{r=1}^{m} w_r v_r(a) \qquad (1)$$

Dabei entsprechen $w_r \geq 0$ den Zielgewichten mit $\sum w_r = 1$ und r der Anzahl der Attribute. Diese werden auch als Gewichte der Attribute oder Skalierungsfaktoren bezeichnet. Weiterhin stellt a_r die Ausprägung des Attributes x_r bei Alternative a mit dem Wert $v_r(a_r)$ dar. Für $a \in A$ gilt $a = (a_1, ..., a_m)$. Der Skalierungsfaktor (Gewicht) w_r bestimmt den Einzelwertzuwachs, der entsteht, wenn das Attribut X_r von der schlechtesten Ausprägung $x_r^- = 0$ auf die Beste $x_r^+ = 1$ variiert wird [vgl. Eisenführ, 1994, S. 113].

Nach dieser Einleitung sind in **Bild 3.12** die multivariaten oder auch multiattributiven Analysemethoden dargestellt. *Conjoint-Analyse* und Multidimensionale Skalierung sind zur Dekomposition von Wertfunktionen geeignet. Das Verfahren der multidimensionalen Skalierung (MDS, Multidimensional Scaling) wird verwendet, wenn die subjektive Wahrnehmung von Produkten durch bestimmte Personen oder Personengruppen räumlich abgebildet werden soll.

Diese Abbildung erfolgt in Annäherung an die Wahrnehmungsräume der Testpersonen in einer mehrdimensionalen Darstellung. Über die relative Lage der Produkte wird in dieser Darstellung deren Ähnlichkeit oder Verschiedenheit wiedergegeben. Die Stellung der Produkte im Wahrnehmungsraum sowie deren relative Position werden als Konfiguration bezeichnet. Ziele der multidimensionalen Skalierung sind einerseits

Art des Verfahrens		Skalierung						Anwendung
strukturentdeckend	strukturprüfend	nominal		ordinal		metrisch		Dekomposition der Wertfunktion
		abhängige Variable	unabhängige Variable	abhängige Variable	unabhängige Variable	abhängige Variable	unabhängige Variable	

Verfahren	strukturentdeckend	strukturprüfend	nom. abh.	nom. unabh.	ord. abh.	ord. unabh.	metr. abh.	metr. unabh.	Dekomp.
Clusteranalyse	●								
Conjoint-Analyse		●			●	●			●
Diskriminanzanalyse		●	●				●		
Faktorenanalyse	●								
Kausalanalyse (LISREL)		●							
Kontingenzanalyse		●	●	●					
Multidimensional Scaling	●								●
Regressionsanalyse		●					●	●	
Varianzanalyse (ANOVA)		●		●			●	●	

Bild 3.12: Vergleich multivariater Analysemethoden

die Bestimmung der Dimensionen des Wahrnehmungsraumes und andererseits die Positionierung der zu untersuchenden Produkte in diesem Wahrnehmungsraum [vgl. Backhaus, 1994, S. 434 ff.].

Unter der Bezeichnung Conjoint-Analyse werden alle dekomponierenden und teilweise auch komponierenden Verfahren zusammengefaßt, welche zur Analyse der Präferenz eines Entscheiders, insbesondere eines Käufers, dienen. Die Verfahren der dekomponierenden Conjoint-Analyse basieren auf einer einheitlichen Vorgehensweise. Ausgehend von der Bewertung einer Auswahl verschiedener Alternativen (Produkte) mit unterschiedlichen Ausprägungen der Attribute wird die Struktur der Präferenz analysiert [vgl. Green, 1990, S. 4].

Auf diese Weise wird die relative Wertigkeit von Produktattributen für den Nachfrager bestimmt. Ursprünglich wurde das Verfahren für die Sozialwissenschaften und die mathematische Psychologie entwickelt [vgl. Green, 1971, S. 355]. In den siebziger Jahren wurde die Conjoint-Analyse erstmalig für Untersuchungen im Konsumgüterbereich verwendet. In der letzten Zeit wurde das Verfahren auch für andere Produkte genutzt, wie zum Beispiel für Mobiltelefone, Computer und medizintechnische Ausrüstungsgegenstände [vgl. Hagel 1988, S. 13].

Bei der Bestimmung des Einflusses einer Technologie auf Produktattribute und deren Ausprägungen ist die Conjoint-Analyse gegenüber der multidimensionalen Skalierung das geeignetere Verfahren, um einerseits die Auswirkungen auf den Gesamtwert und andererseits die Auswirkungen auf die Teilnutzwerte einzelner Attribute zu bestimmen. Einsatzfelder der multidimensionalen Skalierung sind in der Analyse von bereits am Markt etablierten Produkten zu sehen.

3.2.2.5 Präferenzanalysen als Bewertungsmaßstab

Conjoint-Analysen stellen ein Instrument der Präferenzanalyse dar. Über die Präferenzurteile von Testpersonen für eine Menge von Objekten werden die Attributausprägungen dieser Objekte (Produkte) aus Kundensicht abgeschätzt. Die Objekte bestehen aus einer systematischen Kombination möglicher Attributausprägungen (sog. Stimuli) [vgl. z. B. Green, 1990, s. 3 ff.; Müller-Hagedorn u. a., 1993, S. 123 ff.; Tscheulin, 1991, S. 1267 ff.]. Dabei sind Aussagen über

- die relative Bedeutung einzelner Attribute,
- die relative Bedeutung einzelner Attributausprägungen und
- die Bedeutung des Objektes als Kombinationen von Attributausprägungen

möglich [vgl. Green, 1975, S. 108].

Conjoint-Analyse im engeren Sinn ist der Oberbegriff für Verfahren zur Dekomposition des Entscheidungsprozesses. Im weiteren Sinn werden in der Literatur verschiedene Verfahren unter dem Begriff Conjoint-Analysen subsumiert. Dazu zählen außerdem komponierende sowie komponierend-dekomponierende Verfahren (vgl. **Bild 3.13**). Diese Varianten der Conjoint-Analyse werden im folgenden vorgestellt.

Die Conjoint-Analyse im engeren Sinn als die ex post-Dekomposition der empirisch erhobenen Gesamtnutzwerte wird zur Analyse des Beitrages eines Attributes in der jeweiligen Ausprägung zum Gesamtnutzen herangezogen. Aus ordinal aufgenommenen Präferenzurteilen (Gesamturteilen) werden metrische *Teilnutzen* ermittelt. Diesem

```
                    ┌─────────────────────┐
                    │   Präferenzanalyse  │
                    └─────────────────────┘
```

Komponierend	Dekomponierend	Komponierend/ Dekomponierend
• Selbsterklärender Ansatz • AHP •	• CA •	• Hybrid CA • ACA •

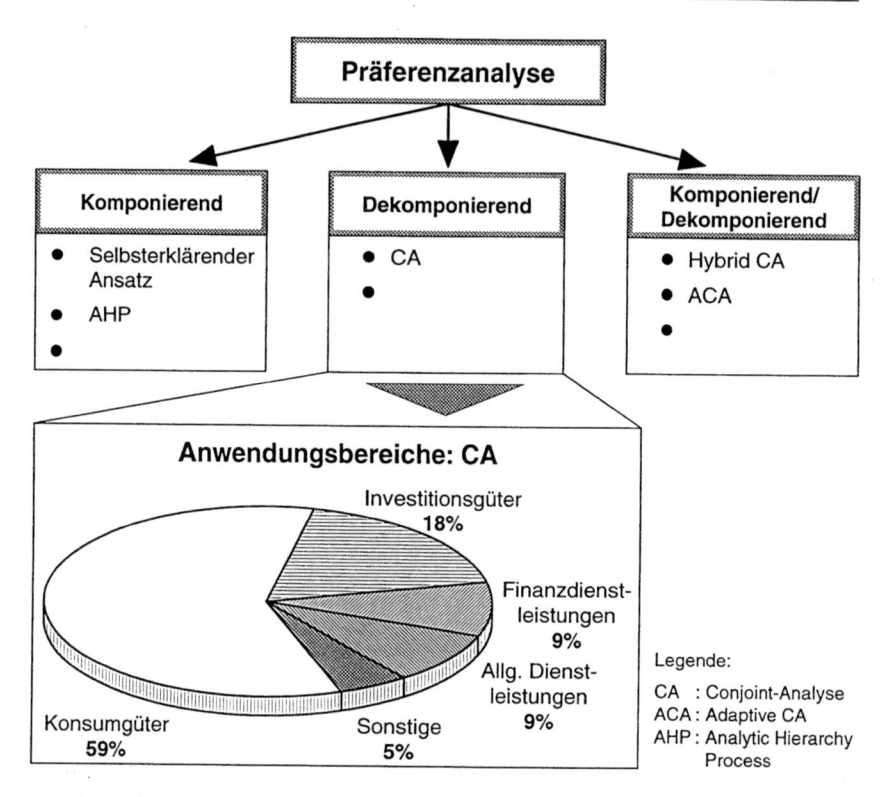

Anwendungsbereiche: CA

- Investitionsgüter 18%
- Finanzdienstleistungen 9%
- Allg. Dienstleistungen 9%
- Sonstige 5%
- Konsumgüter 59%

Legende:
CA : Conjoint-Analyse
ACA : Adaptive CA
AHP : Analytic Hierarchy Process

Bild 3.13: Abbildung von Nachfragerpräferenzen [vgl. Green, 1990, S. 3 ff.]

dekomponierenden Ansatz wird in der Regel das bereits zuvor erläuterte additive Modell zugrunde gelegt. Die Vorgehensweise (vgl. **Bild 3.14**) wird wie folgt gegliedert: Im ersten Schritt werden die relevanten Attribute des Produktes und die zugehörigen Ausprägungen bestimmt. Danach wird das experimentelle Design, die Art und Weise, wie das Experiment durchgeführt wird, festgelegt. Mit Hilfe des experimentellen Designs wird die Analyse durchgeführt, in deren Verlauf die befragten Personen die dargestellten Produktalternativen oder Attributpaare beurteilen. Anschließend werden die Teilnutzwerte für die Eigenschaftsausprägungen ermittelt. Aus den Teilnutzwerten erfolgt im Anschluß die Ableitung der Gesamtnutzwerte sowie die Bestimmung der relativen Wichtigkeiten der einzelnen Attribute [vgl. Backhaus, 1994, S. 511 ff.].

Der komponierende selbsterklärende Ansatz ist ein weitaus einfacherer Ansatz als der dekomponierende Ansatz der klassischen Conjoint-Analyse. Die im folgenden beschriebene Vorgehensweise besteht aus drei Schritten.

Arbeitsschritte

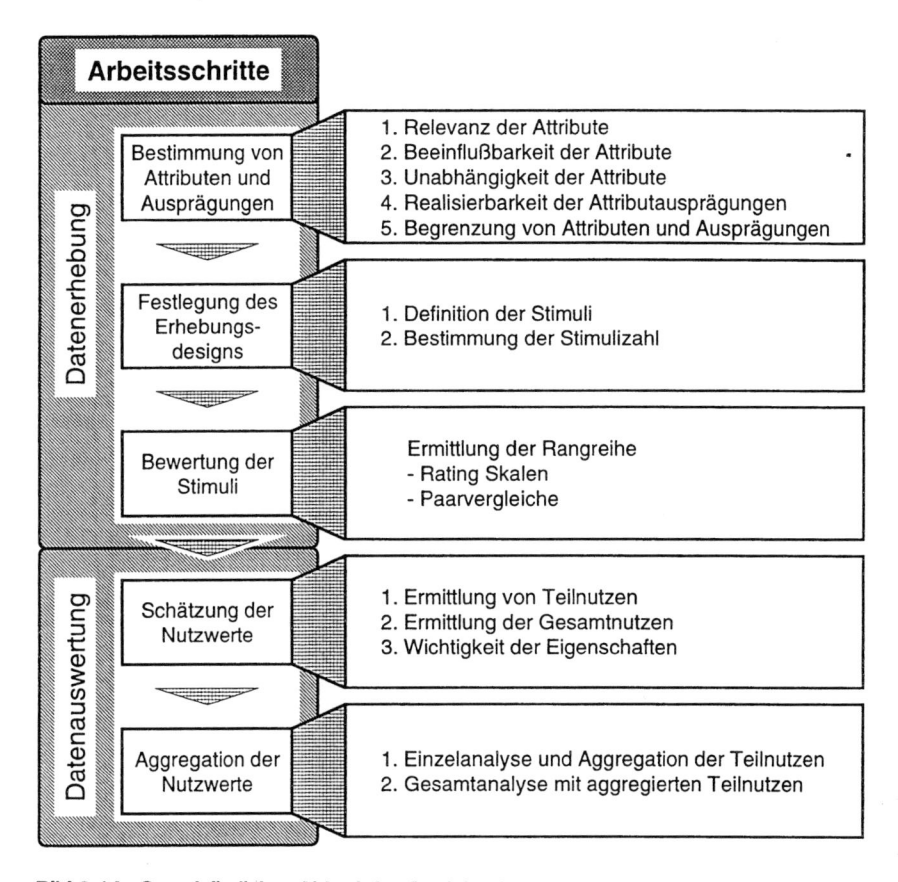

Datenerhebung

Bestimmung von Attributen und Ausprägungen
1. Relevanz der Attribute
2. Beeinflußbarkeit der Attribute
3. Unabhängigkeit der Attribute
4. Realisierbarkeit der Attributausprägungen
5. Begrenzung von Attributen und Ausprägungen

Festlegung des Erhebungsdesigns
1. Definition der Stimuli
2. Bestimmung der Stimulizahl

Bewertung der Stimuli
Ermittlung der Rangreihe
- Rating Skalen
- Paarvergleiche

Datenauswertung

Schätzung der Nutzwerte
1. Ermittlung von Teilnutzen
2. Ermittlung der Gesamtnutzen
3. Wichtigkeit der Eigenschaften

Aggregation der Nutzwerte
1. Einzelanalyse und Aggregation der Teilnutzen
2. Gesamtanalyse mit aggregierten Teilnutzen

Bild 3.14: Grundsätzlicher Ablauf der Conjoint-Analyse

Zuerst muß der Befragte die Ausprägungen der im experimentellen Design enthaltenen Attribute inklusive des Preises auf einer Skala von 0 bis 10 nominal bewerten. Diese Bewertung erfolgt ohne Berücksichtigung der jeweiligen anderen Attribute und deren Ausprägungen. Der am wenigsten gewünschten Ausprägung werden 0 Punkte und der am meisten geschätzten 10 Punkte zugeordnet. Im zweiten Schritt verteilt der Befragte 100 Punkte über alle Attribute zur Ermittlung der relativen Wichtigkeit des einzelnen Attributes für die Präferenz des Entscheidungsträgers. Die Bestimmung der Teilnutzwerte im dritten Schritt erfolgt bei der komponierenden Methode durch die Multiplikation der relativen Wichtigkeit mit den Ordinalskalierungen, die für die verschiedenen Ausprägungen der Attribute im ersten Schritt bestimmt wurden.

Mit Hilfe dieser Vorgehensweise ist die Identifizierung der bedeutsamsten Attribute möglich. Dadurch können erfolgversprechende Produkte mit entsprechenden Attributen sowie zugehörigen Ausprägungen gemäß dieser Vorgaben entwickelt werden.

Der komponierende Ansatz basiert auf Theorien der Verhaltensforschung und ist ein vereinfachtes Modell. Damit sind jedoch auch Nachteile verbunden. Besteht eine Abhängigkeit zwischen den Attributen, wird es für den Entscheidungsträger schwierig, ordinalskalierte Reihungen für die verschiedenen Ausprägungen eines Attributes bei gleichzeitiger Beibehaltung der Ausprägungen aller anderen Attribute zu verteilen [vgl. Green, 1990, S. 9]. Außerdem wird die Gültigkeit der additiven Wertfunktion vorausgesetzt. Im Gegensatz dazu wird die additive Wertfunktion bei der dekomponierenden Conjoint-Analyse nur zur Näherung der geschätzten Teilnutzwerte verwendet. Ein weiteres Problem ist die doppelte Zählung von redundanten Attributen. Die Redundanz fällt bei der schrittweisen Bewertung der Attribute nicht so stark auf wie bei der Anwendung des Voll-Profil-Ansatzes der dekomponierenden Conjoint-Analyse [vgl. ebenda, S. 10.]. Weiterhin hat die Vorgabe der Ausprägungen einen großen Einfluß auf die Teilnutzwertfunktion. Werden beispielsweise drei Ausprägungen vorgegeben, dann ist es naheliegend, für den Entscheidungsträger 0 Punkte für die schlechteste, 10 für die beste und 5 für die mittlere Ausprägung zu vergeben. Dadurch wird ein lineares Modell für die Teilnutzwertfunktion erzeugt, obwohl der Entscheidungsträger vielleicht eine nicht-lineare Funktion einer realen Entscheidung zugrundelegen würde.

Als entscheidender Nachteil der komponierenden Conjoint-Analyse ist anzuführen, daß keine vollständigen Produkte (Stimuli) präsentiert und verglichen werden, sondern nur die Attribute und deren Ausprägungen. Dadurch kann die reale Entscheidungssituation nicht nachempfunden werden wie bei der Verwendung des dekomponierenden Ansatzes. Neben der Einfachheit des Modells hat der selbsterklärende komponierende Ansatz den Vorteil, daß die Umfrage z. B. per Telefon durchgeführt werden kann.

Zu den komponierend-dekomponierenden Ansätzen zählen insbesondere die Verfahren der Hybrid conjoint analysis und der Adaptiv conjoint analysis, die nachfolgend Gegenstand der Betrachtungen sind.

Die Hybrid conjoint analysis dient zur Vereinfachung der Conjoint-Analyse. Die Anwendung erfolgt in zwei Abschnitten. Im ersten Abschnitt wird der komponierend selbsterklärende Ansatz verwendet. Dadurch werden vorläufige, individuelle Teilnutzwerte für jeden Befragten ermittelt. Die Vorgehensweise erfolgt analog zu der zuvor beschriebenen selbsterklärenden komponierenden Conjoint-Analyse [vgl. Green, 1989, S. 347]. Im zweiten Abschnitt, dem dekomponierenden Teil, wird eine Conjoint-Analyse mit der Full-profile-Methode und einer begrenzten Anzahl an Stimuli durchgeführt. Um die Anzahl der Stimuli zu verringern, werden diese aus Teilmengen der Attribute sowie der Ausprägungen gebildet. Mittels multipler Regression ist die Validierung der Ergebnisse und die Untersuchung von Wechselwirkungen möglich. Die Hybrid conjoint analysis dient zur Verringerung des Bearbeitungsaufwands für den Antwortenden, sofern eine Vielzahl von Attributen und Ausprägungen analysiert werden [vgl. Green, 1989, S. 347 f.; Green, 1990, S. 10 f.].

Die Adaptive conjoint analysis wurde von Johnson entwickelt. Dabei wurde die Datensammlung, die Bestimmung der Teilnutzwerte und die Simulation der Produktauswahl integriert. Hauptsächliches Anwendungsgebiet der Adaptive conjoint analysis sind Studien über Preise, wobei die Datensammlung in einem computerinteraktiven Modus erfolgt [vgl. Green, 1990, S. 4].

Im ersten Schritt der Adaptive conjoint analysis wird der selbsterklärende komponierende Ansatz der Conjoint-Analyse verwendet, um die wichtigsten Attribute für den Befragten zu ermitteln. Die Teilnutzwerte für die wichtigsten Attribute werden jedoch durch Dekomposition mit gewichteten paarweisen Vergleichen bestimmt. Bei der Adaptive conjoint analysis werden die aus dem selbsterklärenden komponierenden Ansatz stammenden Teilnutzwerte auf der Ebene des einzelnen Befragten angepaßt und nicht, wie bei der Hybrid conjoint analysis, auf aggregierter Ebene. Der paarweise Vergleich ist jedoch weniger effizient als das Rating- oder Ranking-Verfahren der klassischen Conjoint-Analyse, da der paarweise Vergleich in der Ausführung wesentlich zeitintensiver ist. In empirischen Untersuchungen konnte dieser Tatbestand belegt werden [Vgl. Green, 1990, S. 11]. Darüber hinaus ist die Adaptive conjoint analysis weniger aussagefähig als der selbsterklärende komponierende Ansatz.

Zusammenfassend kann folgendes festgestellt werden. Der dekomponierende Ansatz der klassischen Conjoint-Analyse als Vollprofil-Methode eignet sich besonders bei experimentellen Designs mit bis zu 6 Attributen und einer geringen Anzahl von Ausprägungen. Sofern die Anzahl der Attribute etwas größer ist, bietet sich die Trade-off-Methode an, da der Befragte nur jeweils zwei Attribute miteinander zu vergleichen hat. Falls der Entscheidungsträger gewillt ist, die Plankarten mehrfach zu ordnen, bieten sich diese sogenannte 'bridging designs' mit Vollprofilen zur Anwendung an. Wenn die Anzahl der Attribute mehr als 10 beträgt, sind der selbsterklärende Ansatz sowie die komponierend-dekomponierenden Methoden, wie die Hybrid conjoint analysis oder die Adaptive conjoint analysis, eventuell geeigneter [vgl. Green, 1990, S. 8 ff.].

3.3 Aufbau einer allgemeinen Vorgehensweise zur Bewertung der Einsatzmöglichkeiten innovativer Technologien

In den letzten Kapiteln wurden die verschiedenen Methoden zur Technologie- und Produktbewertung dargestellt. Es wurde ersichtlich, daß derzeit keine Methoden bestehen, die die direkte Bewertung des Technologieeinflusses auf die Produkteigenschaften zulassen. Bestehende Ansätze erlauben entweder eine Bewertung des durch die Technologie definierten Ressourceneinsatzes oder die Bewertung des Produktes unter Berücksichtigung der Nachfragerpräferenzen. Damit wurde deutlich, daß durch die bestehenden Methoden durchaus Partialprobleme abgebildet werden können. Die Bedeutung innovativer Technologien ist für die Wettbewerbsfähigkeit über die Reduktion von Kosten hinaus grundlegend, so daß nachfolgend eine Methode erarbeitet wird, die die Abbildung des Einflusses der Technologie auf die hergestellten Produkte und deren Bewertung durch potentielle Kunden erlaubt.

Die Gestaltung der Technologie-Produkt-Kombination ist grundsätzlich abhängig von den definierten Randbedingungen aus zwei bereits beschriebenen Richtungen möglich. Diese können sowohl durch das Produkt als auch durch die Technologie vorgegeben sein.

Eine Methode, um Technologien für vorgegebene Produkte zu bestimmen, besteht im Quality Function Deployment (QFD) [vgl. die ausführliche Darstellung von Vorgehensweise und Anwendung der Methode bei Hartung, 1994, S. 9 ff.], einer Methode zur qualitätsgerechten Produktgestaltung. Sie dient der Umsetzung der Marktanforderungen, also der aus Kundenperspektive wichtigen Anforderungen an das Produkt.

Dem Quality Function Deployment liegt die im **Bild 3.15** abgebildete Vorgehensweise zugrunde, bei der die Kundenanforderungen auf die Produktplanung, die Komponentenentwicklung, die Prozeß- und Prüfplanung sowie die Produktionsplanung übertragen werden. Bei Anwendung des QFD werden die Kundenanforderungen, welche an das Produkt gestellt werden, in einem ersten Schritt ermittelt. Diese Ermittlung der Kundenanforderungen basiert auf einer Identifikation der für den Kunden wichtigen Produktattribute. Conjoint-Analyse, multidimensionale Skalierung oder ähnliche statistische Verfahren können unterstützend zum Einsatz kommen [vgl. Hauser, 1988,

Kapitel 3   Modell zur Bewertung von Technologien   - 61 -

Ziel	Vollständige Erfüllung der Kundenwünsche

Situation	Auswahl von Technologien vor dem Hintergrund determinierter Anwendungen	Bestimmung optimierter Anwendungen vor dem Hintergrund determinierter Technologien

	Quality Function Deployment QFD	Bewertung der Einsatzmöglichkeiten innovativer Technologien
① Produkt- planung	Kunden- bedürfnisse	Kundenbedürfnisse
② Komponenten- entwicklung	lösungsneutrale technische Merkmale	technologiegeprägte technische Merkmale
③ Prozeß- und Prüfplanung	Komponenten, Teile	
	Fertigungs- prozesse	Variation der Fertigungsprozesse
④ Produktions- planung	Prüf- und Arbeitsanweisungen	

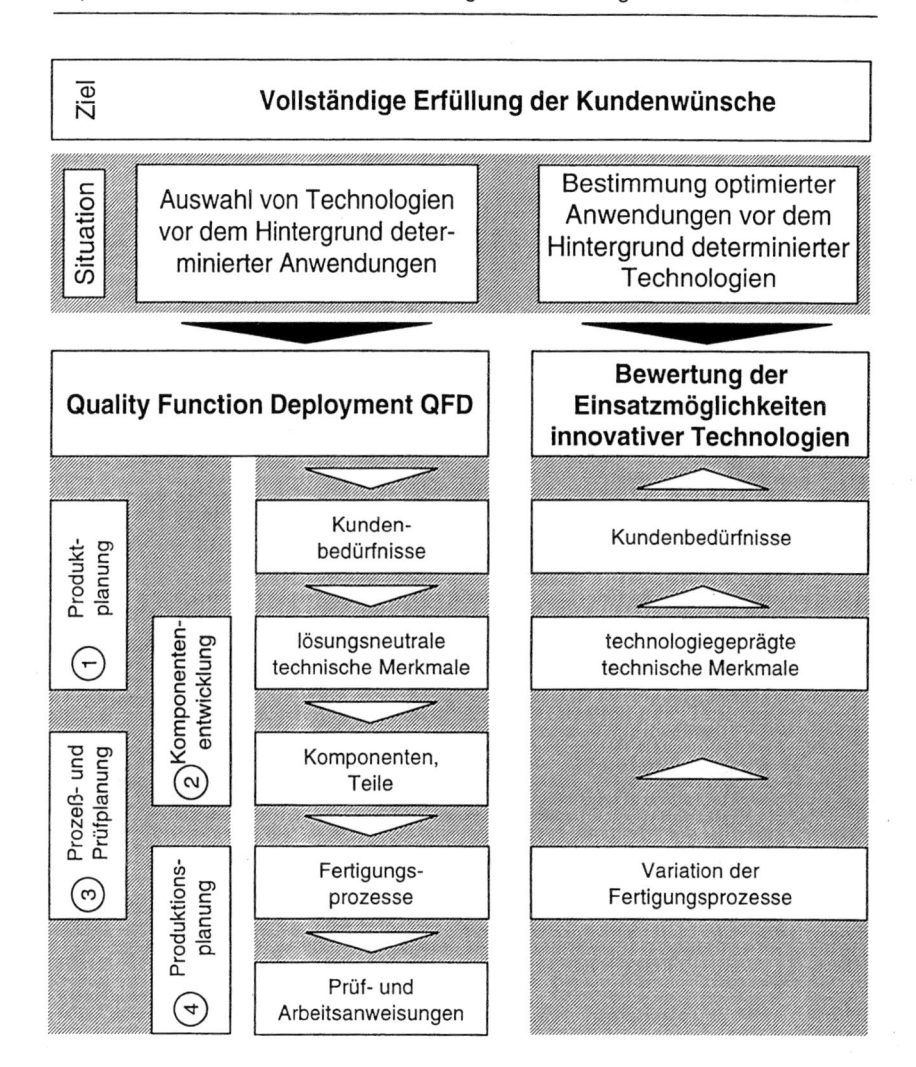

Bild 3.15: Ansätze zur Gestaltung der Technologie-Produkt-Kombination

S. 60 f.; Fischer, 1994, S. 65]. Diese Kundenanforderungen werden anschließend in technische Merkmale umgesetzt.

Im zweiten Schritt werden die technischen Merkmale in Komponenten oder Bauteile integriert [vgl. Schöler, 1990, S. 49 f.]. Danach erfolgt die Erstellung der Prozeß- oder Prüfablaufpläne für die kritischen Komponenten oder Bauteile. Aus diesen werden wiederum die Arbeits- und Prüfanweisungen erstellt [vgl. Fischer, 1994, S. 64 ff.].

Durch diese Vorgehensweise werden die Kundenanforderungen Schritt für Schritt umgesetzt.

Eine Bewertung des Produktes ist mittels QFD jedoch nicht möglich. Die aus Sicht des Kunden wichtigen Attribute werden als Eingangsinformation vorausgesetzt und keiner weiteren Untersuchung unterzogen.

Während bei der Anwendung des QFD-Ansatzes von den Kundenbedürfnissen ausgegangen wird, um dann die Fertigungsprozesse optimal zu gestalten, besteht die Basis des Ansatzes zur Bewertung der Einsatzmöglichkeiten innovativer Technologien in der Variation der Fertigungsprozesse. Die zum Einsatz kommenden neuen Technologien erlauben die Beeinflussung der Produkteigenschaften aufgrund der spezifischen technologischen Möglichkeiten.

Dazu sind die Produktattribute der gefertigten Produkte hinsichtlich geänderter Ausprägungen aufgrund der eingesetzten Technologie zu analysieren. Die Änderungen sind qualitativ zu bewerten, um festzustellen, ob die Anforderungen des Kunden besser oder schlechter erfüllt werden. Sind durch die innovative Technologie die Kosten nicht gegenüber der konventionellen reduziert, so sind nur die Anwendungen von weiterem Interesse, bei denen die Attributauspägungen eine Verbesserung erfahren haben (vgl. **Bild 3.16**). Demgegenüber kann die Methode aber auch dann zum Einsatz kommen, wenn bei reduzierten Kosten Produkte reduzierter Qualität hergestellt werden. Da die Vorgehensweise in diesen Fällen ohne Veränderung anwendbar ist, werden diese nachfolgend nicht gesondert dargestellt.

Im nächsten Schritt müssen diese geänderten Attributauspägungen an den bestehenden oder auch zu schaffenden Kundenbedürfnissen reflektiert werden, um den Nutzen für den Verwender zu überprüfen. In den Fällen, in denen der Kunde keinen Nutzen aus den qualitativ gesteigerten Attributen gewinnt, ist die Anwendung zu überprüfen. Die Frage ist also, ob Anwendungen existieren, bei denen ein besseres Produkt vorteilhaft ist. Bei dieser Frage wird von bestehenden Hauptfunktionen ausgegangen, um die Aufgabenstellung überschaubar zu gestalten.

Sowohl QFD als auch die Methode zur Bewertung des Technologieeinsatzes dienen dem gleichen Ziel der Erfüllung der Kundenwünsche. Der grundsätzliche Unterschied besteht in der Ausgangssituation. Während bei der QFD-Methode aus den Kundenanforderungen Technologien ausgewählt werden, folgt bei der Bewertung der Einsatzmöglichkeiten innovativer Technologien der Abgleich zwischen Produkt und Kundenwünschen nachdem die Technologie bestimmt worden ist.

Kapitel 3   **Modell zur Bewertung von Technologien**   - 63 -

Einsatz innovativer Technologien

Auswirkung auf Produktattribute	qualitativ schlechter		qualitativ besser	
Entwicklung der Kosten	$K_{IT} < K_{KT}$	$K_{IT} \geq K_{KT}$	$K_{IT} \leq K_{KT}$	$K_{IT} > K_{KT}$
Konsequenz		TE sinnlos	TE sinnvoll	

Methode zur Technologiebewertung

Legende: K: Kosten   IT: Innovative Technologie
            TE: Technologieeinsatz   KT: Konventionelle Technologie
            ▨ : Betrachtungsbereich

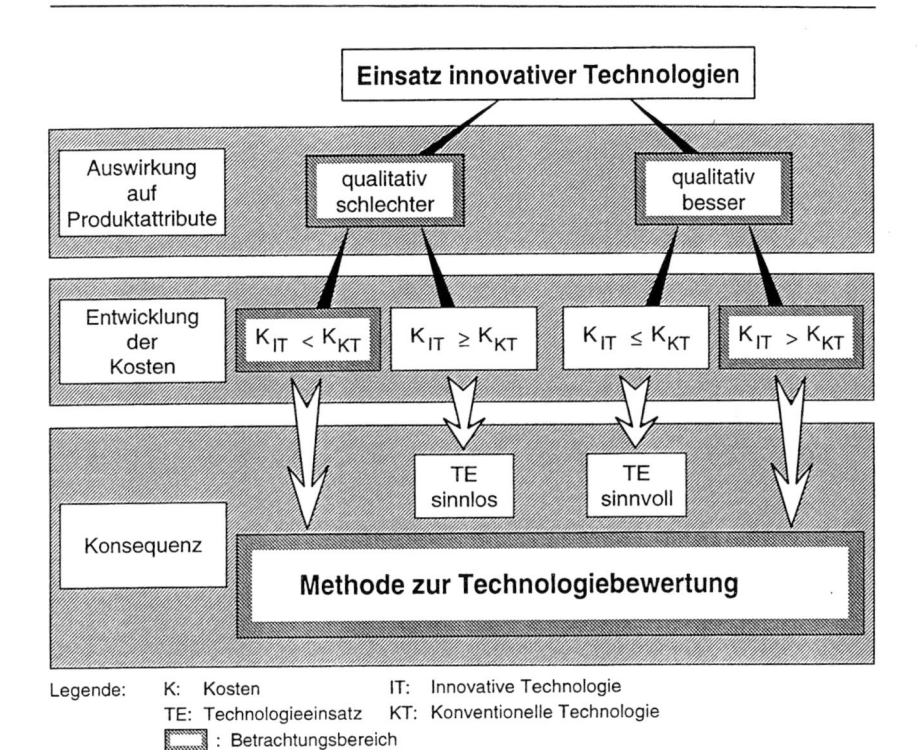

Bild 3.16: Relevanz der Attributausprägung

Ein weiterer Ansatz zur Planung technologischer Innovationen besteht in der Technologiekalender-Methode [vgl. Eversheim, 1992 b, S. 104; Schuh, 1992, S. 31 ff.]. Auch hier wird von einem Produkt ausgegangen, um dann die optimale Technologie unter der Berücksichtigung der zu erwartenden Technologieentwicklung auszuwählen. Da es sich dabei um eine Vorgehensweise zur Planung produktionstechnischer Innovationen handelt, wird sie nicht weiter betrachtet.

Die entscheidende Frage zur Bewertung der mit einem Technologieeinsatz verbundenen Vorteile ist die der Wirtschaftlichkeit, d. h. die Gestaltung des Verhältnisses von erzielbaren Erlösen und dem zur Produktion notwendigen Ressourcenverzehr. Insbesondere sind dabei ökologische Aspekte zu berücksichtigen.

3.4 Spezifizierung der Methode zur Bewertung der Einsatzmöglichkeiten innovativer Technologien vor dem Hintergrund der direkten Anwendung

Bei der Bewertung von Technologien hinsichtlich der Eignung für konkrete Anwendungen sind zwei grundsätzliche Aspekte zu berücksichtigen. Einerseits ist zu klären, inwieweit das Produkt durch die Technologie verändert wird. Dazu ist der Technologieeinfluß auf das Produkt zu modellieren. Andererseits ist dieser Einfluß zu bewerten. Der Grundgedanke besteht in der integrierten Berücksichtigung von Kosten und möglichen Erlösen.

Um den Einfluß einer Technologie auf das Produkt charakterisieren zu können, bedarf es der Beschreibung des Produktes. Das Produkt wird systemtechnisch als Objekt, d. h. als abgegrenzte Einheit verstanden, welches durch Attribute beschrieben werden kann [vgl. Schneeweiß, 1991, S. 18 f.]. Diese Attribute können in natürliche und künstliche Attribute sowie die sogenannten Proxy-Attribute differenziert werden [vgl. Eisenführ, 1994, S. 65 ff.].

Bei natürlichen Attributen ist das Attribut aus der Zielformulierung ersichtlich. Beispielsweise folgt aus der Zielformulierung, einen möglichst starken Verbrennungsmotor zu entwickeln, die Leistung des Motors in kW als beschreibendes Attribut.

Künstliche Attribute werden häufig dann angewendet, wenn keine natürlichen Attribute vorhanden sind. In der Regel werden sie durch mehrere natürliche Attribute gebildet. Es entsteht ein neues Bewertungsmodell, in das die Gewichte der einzelnen natürlichen Attribute einfließen. Ebenso kann es nötig sein, zwei nicht präferenzunabhängige natürliche Attribute zu einem künstlichen zusammenzufassen, um die Präferenzunabhängigkeit des Zielsystems zu gewährleisten. Bei der Bewertung eines in die Umwelt emittierten Stoffes ist sowohl die Menge als auch die Toxizität des Stoffes von Relevanz. Beide Aspekte können durch die an Hand der Toxizität gewichteten Menge zu einem künstlichen Attribut zusammengefaßt werden.

Die sogenannten Proxy-Attribute werden dann verwendet, wenn entweder keine natürlichen oder künstlichen Attribute zur Messung der Zielerreichung abbildbar sind, oder wenn die Messung zu aufwendig wäre. Unter Proxy-Attributen sind also Hilfslösungen zu verstehen, die einerseits als Indikatoren zur Zielerreichung dienen, so zum Beispiel die Anzahl der Reklamationen als Maßstab der Kundenzufriedenheit. Andererseits werden sie als Instrument zur Zielerreichung, wie zum Beispiel der Grad der Öl-Emissionen von Bohrinseln ins Meer als Proxy-Attribut für die Erhaltung der Meeresfauna, interpretiert [vgl. Eisenführ, 1994, S. 66].

Nachfolgend ist es erforderlich, die Produktfunktionen mit den Produktattributen zu korrelieren. Die dazu erforderliche Methode zu Differenzierung der verschiedenen Produktfunktionen kann der Konstruktionslehre entnommen werden. Im Rahmen der Aufgabenanalyse werden die einzelnen Funktionen des Produktes ermittelt [vgl. Koller 1973, S. 147 ff.]. Die ermittelten Produktattribute dienen zur Abbildung des Technologieeinflusses.

Aufgrund der geänderten Attributausprägungen ist die Frage der Wirtschaftlichkeit zu beantworten. Werden die Fälle betrachtet, bei denen durch die Technologiesubstitution keine Kostenvorteile abzuleiten sind, so kann die Wirtschaftlichkeit nur durch die Erhöhung des Erlöses gesteigert werden (vgl. **Bild 3.17**). Mit einer Methode zur Bewertung der Vorteile durch den Einsatz innovativer Technologien müssen daher sowohl die Kostenänderungen als auch die mögliche Steigerung des Erlöses berücksichtigt werden können.

Entscheidend ist jedoch nicht nur die qualitative Verbesserung des Produktes, die an Hand der einzelnen Attributausprägungen nachgewiesen wird und zu einer Erhöhung der Wertschöpfung des Produktes führt, sondern die Möglichkeit, die Wertschöpfung zwischen Kunde und Lieferant geändert aufzuteilen.

Es kann folglich festgestellt werden, daß durch die Methode zur Bewertung innovativer Technologien einerseits der Nachweis des Einflusses der Technologie auf ein

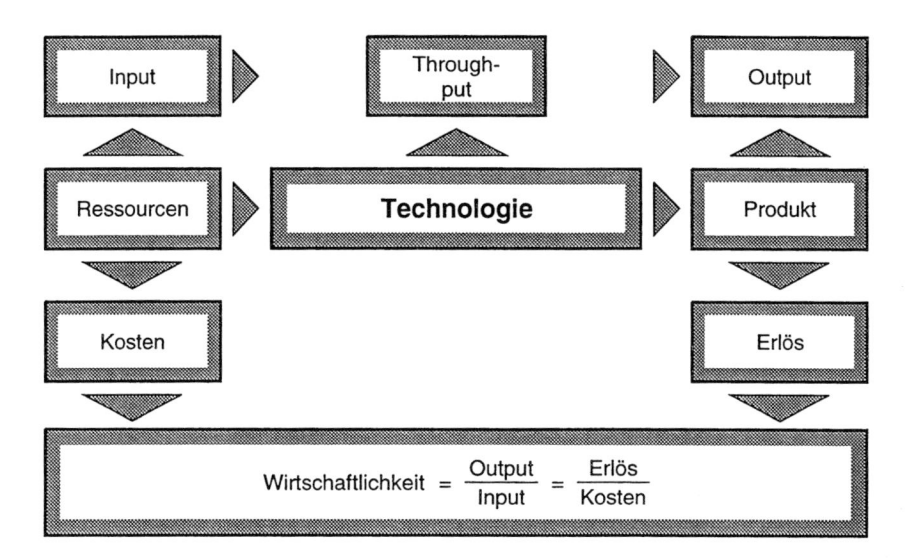

$$\text{Wirtschaftlichkeit} = \frac{\text{Output}}{\text{Input}} = \frac{\text{Erlös}}{\text{Kosten}}$$

Bild 3.17: Bewertung des Technologieeinsatzes

konkretes Produkt und andererseits die Bewertung der Input-Output-Relation unterstützt werden muß, so daß eine quantifizierte Bewertung des Technologienutzens über die Steigerung des Produktwertes ermöglicht wird.

3.5 Aufbau der Methode und Integration in die Vorgehensweise zur Technologiebewertung

Eine Methode zur Bewertung der Einsatzmöglichkeiten innovativer Technologien unter gleichzeitiger Berücksichtigung potentieller Anwendungsmöglichkeiten ist in ihrem grundsätzlichen Aufbau in **Bild 3.18** dargestellt. Ausgehend von der zu bewertenden Technologie ist ein Referenzprodukt zu spezifizieren. Dieses Referenzprodukt, welches durch eine Anwendung über Haupt- und Nebenfunktionen charakterisiert ist, dient nachfolgend als Basis der Bewertung.

Die Wichtung der Haupt- und Nebenfunktionen hängt direkt vom Anwendungsfall ab. Mit der Variation der Anwendung ist die Wichtung der Haupt- und Nebenfunktionen neu zu bestimmen. Dieses ist selbst dann erforderlich, wenn die grundsätzliche Relation von Haupt- und Nebenfunktionen nicht verändert ist.

Die Bewertung der Technologie erfolgt vor dem Hintergrund der Anwendungen des Referenzproduktes. Aufbauend auf einer qualitativen Bewertung der geänderten Produktausprägungen kann die Anwendung variiert werden. Zunächst wird nicht von einer Produktdiversifizierung ausgegangen, bei der aufgrund vorhandener Möglichkeiten ein komplett neues Produkt entwickelt wird, sondern nur die Anwendung verändert. Bei dieser Anwendungsdifferenzierung werden die Hauptfunktionen des zugrunde liegenden Referenzproduktes zunächst nicht verändert.

Für ein Rohr mit der Hauptfunktion der Unterstützung des Transportes von Medien bedeutet dies, daß die neue Anwendung in geänderten zu transportierenden Medien bestehen kann, die bspw. mit gesteigerten qualitativen Rohrausprägungen verbunden sind. Eine Variation des Produktes ist gegeben, wenn neben den Nebenfunktionen auch Hauptfunktionen geändert werden, wie dieses bei der Verwendung des Rohres als Stütze der Fall wäre. Diese Situation ist durch eine komplett neue Kombination von Haupt- und Nebenfunktionen und somit durch grundsätzlich geänderte Attribute charakterisiert und ist daher nicht der Schwerpunkt vorliegender Betrachtungen.

Um Aussagen über den spezifischen Nutzen des Technologieeinsatzes treffen zu können, ist diese neue Technologie-Produkt-Kombination nun zu bewerten. Dazu sind

Kapitel 3 Modell zur Bewertung von Technologien

Vorgehensweise	Anwendung
Technologie- und Produktabgrenzung	1. Auswahl der Technologie 2. Bestimmung eines Referenzproduktes
Bestimmung des Technologieeinflusses	1. Ermittlung erforderlicher Ressourcen 2. Bestimmung geänderter Attributausprägungen 3. Bewertung der Änderungen
Variation der Anwendung	1. Variation der Anwendungsparameter 2. Ableitung neuer Anwendungen
Bewertung der Technologie - Produktkombination	1. Quantifizierung des Produktnutzens 2. Bewertung des Ressourcenverzehrs

Bewertung der Einsatzmöglichkeiten der innovativen Technologie

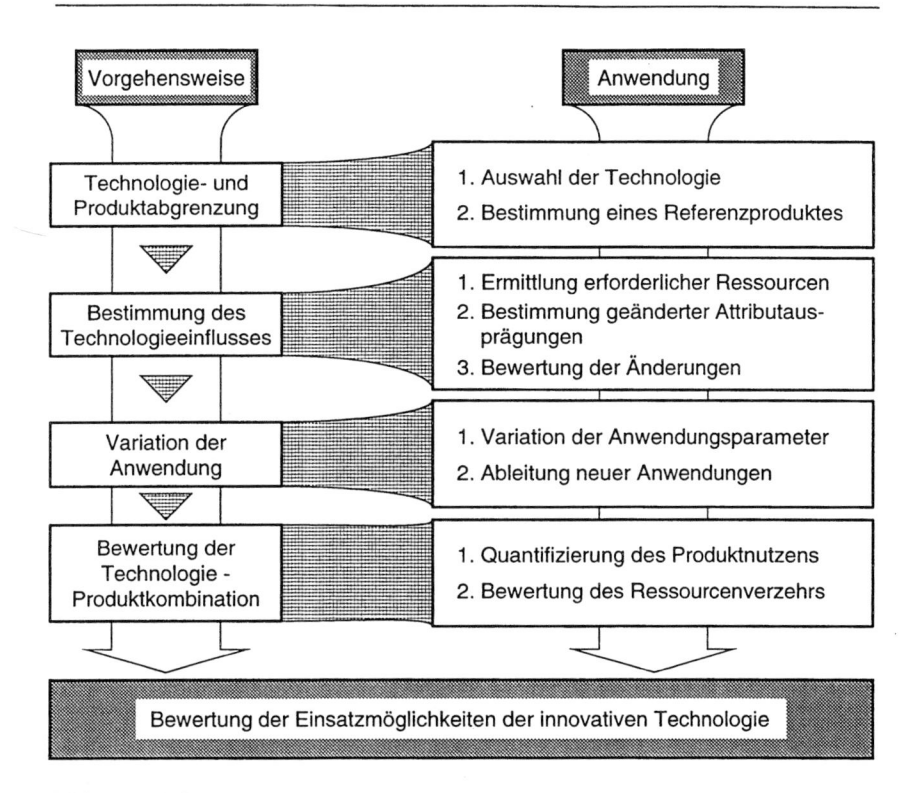

Bild 3.18: Aufbau der Methode zur integrierten Technologie- und Produktbewertung

die quantifizierten Produktnutzen und Ressourceneinsätze gegenüberzustellen. Diese Betrachtung setzt jedoch die ausreichende Verfügbarkeit der benötigten Ressourcen voraus.

Diese wird durch die Berücksichtigung der strategischen Unternehmensebene sichergestellt. Im **Bild 3.19** ist die durch den Technologieeinsatz determinierte Ressourcenentwicklung abgebildet. Die Möglichkeiten, Technologien einzusetzen, werden durch die verfügbaren, d. h. im Unternehmen bereits vorhandenen oder beschaffbaren Ressourcen bestimmt. Daher ist die mittel- und langfristig festgelegte Allokation der Ressourcen, d. h. die Überprüfung der freien Verfügbarkeit der Ressourcen, zu bestimmen.

Diese Ressourcen werden im Rahmen der Produktion verzehrt und tragen zur Bildung des Produktmehrwertes (value added) bei. Wird das Produkt verkauft, fließt ein Kapitalstrom zurück, d. h. dem Ressourceneinsatz'steht ein Ressourcenrückfluß der

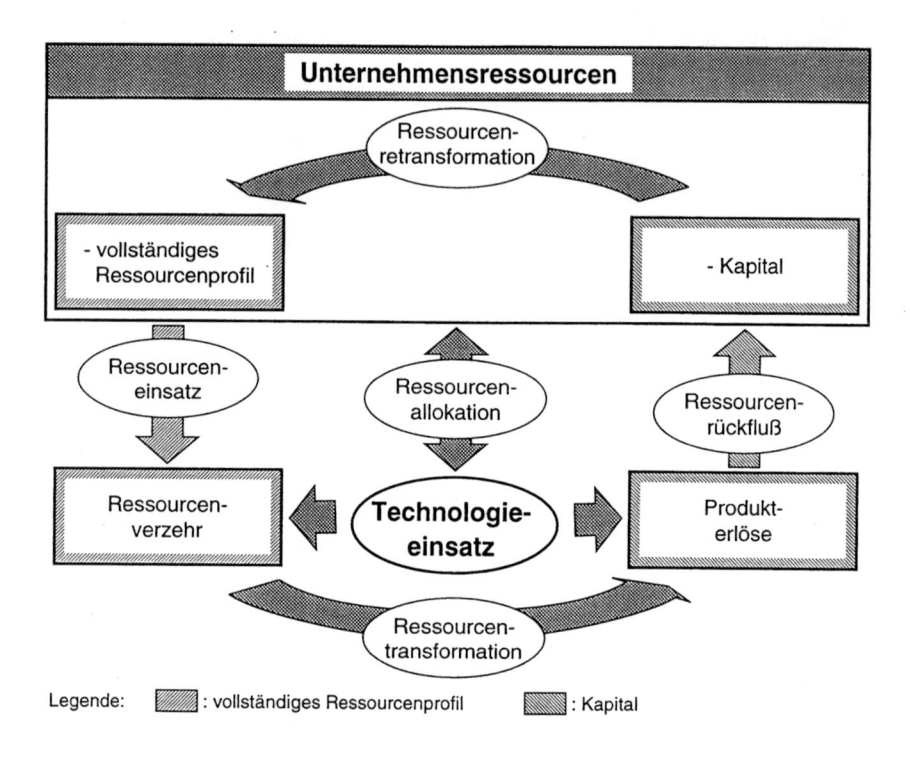

Bild 3.19: Modell zur Ressourcentransformation

Ressource Kapital gegenüber. An Hand dieses Modells wird deutlich, daß der Einsatz einer Technologie nur dann sinnvoll sein kann, wenn die erforderlichen Ressourcen einerseits vorhanden sind und andererseits ineinander umgewandelt werden können. Im folgenden Kapitel wird diese Methode weiter ausgeführt.

3.6 Fazit: Grobkonzept

Bei der Analyse bestehender Methoden zur Bewertung der Einsatzmöglichkeiten innovativer Technologien für konkrete Anwendungen wurde festgestellt, daß bisher keine Methoden zur integrierten Bewertung existieren, welche die simultane Berücksichtigung der den Technologieeinsatz charakterisierenden Ressourceneinsätze und die erzeugten Produktattributausprägung erlauben. Ansätze, die die Bewertung der Technologie von Anwendungen losgelöst unterstützen, sind zur strategischen Technologiegestaltung ausgelegt und für die hier vorliegende Aufgabenstellung der Betrachtung konkreter Anwendungen nicht nutzbar.

Einerseits existieren Methoden, die der Quantifizierung des i. d. R. monetär abgebildeten Ressourcenverzehrs dienen. Diese Verfahren sind schwerpunktmäßig auf die Bestimmung wertmäßiger Kosten zum Zweck der Produktkalkulation ausgerichtet. Damit wird als Motivation eines Technologiewechsels die Senkung der Kosten unterstellt. Die Produktfunktionalität wird als fixe im Pflichtenheft dokumentierte Eingangsgröße verstanden, die als Minimalanforderung des Kunden zu erfüllen ist. Die Kenntnis dieser Kundenpräferenzen wird vorausgesetzt.

Neuere Ansätze mit dem Schwerpunkt der Betrachtung ökonomischer Ressourcen sind nicht nur auf die Herstellung von Produkten beschränkt, sondern beziehen auch die Phasen der Nutzung des Produktes und der Entsorgung sowohl von Produkt- als auch von Produktionsabfällen mit ein.

Andererseits stehen diesen Ansätzen die Betrachtungen der externen Wertschöpfungskette gegenüber, deren Betrachtungsobjekt das Produkt aus der Sicht der potentiellen Verwender ist. Ausgehend von einer Definition des Gesamtwertes (perceived value) von Produkten wurden verschiedene Methoden daraufhin untersucht, inwieweit sie zur Bestimmung des Produktwertes geeignet sind. Die Verfahren der Conjoint-Analyse wurden als geeignet identifiziert, um die Präferenzen von Nachfragern mit konkreten Produktattributausprägungen zu korrelieren und abzuschätzen.

Es kann folglich festgestellt werden, daß sowohl zur Technologiebewertung als auch zur Bestimmung des Produktwertes Verfahren bestehen, daß aber die Verbindung zwischen den Technologiebewertungen auf der einen Seite und der Produktbewertung auf der anderen Seite fehlt.

Vorhandene Methoden sind grundsätzlich in bezug auf die Bewertung der internen oder der externen Wertschöpfungskette zu unterscheiden. Diese Ansätze wurden in der Methode zur Bewertung der Einsatzmöglichkeiten innovativer Technologien integriert, die sowohl die Identifizierung des Technologieeinflusses als auch dessen Bewertung unterstützt. Wesentliches Element der Methodik ist die Berücksichtigung der bestehenden strategischen Unternehmensausrichtung, um die freie Verfügbarkeit notwendiger Ressourcen zu verifizieren.

Aufbauend auf den bisher entwickelten grundsätzlichen Ansätzen, wird die Methode im folgenden Kapitel detailliert.

4. Methode zur integrierten Bewertung von Produkteigenschaften und Einsatzmöglichkeiten innovativer Technologien

Im folgenden Kapitel wird die Methodik, die in den vorhergehenden Kapiteln in ihrer grundsätzlichen Ausprägung abgeleitet wurde, im Detail ausgearbeitet. Der Aufbau des Kapitels ist dabei an die grundsätzliche Struktur der Methode zur integrierten Technologie- und Produktbewertung (vgl. Bild 3.18) angelehnt.

Nach der Auswahl von Technologie und Produkt wird der Technologieeinfluß analysiert. In einem ersten Schritt wird durch die Betrachtung der technologiespezifischen Eingangsgrößen die Verfügbarkeit der erforderlichen Ressourcen überprüft. Wenn diese sichergestellt sind, erfolgt in einem zweiten Schritt die Bestimmung des Technologieeinflusses auf konkrete Produktattribute. Darauf aufbauend kann eine grundsätzliche Klassifizierung der Technologie-Produkt-Kombination vorgenommen werden, indem Möglichkeiten der Attributveränderung und die Bedeutung des Attributes für den Abnehmer in Beziehung gesetzt werden.

Wenn der Abnehmer die gesteigerte Produktqualität nicht verwenden kann und aus seiner Sicht keine Steigerung des Produktwertes erfolgt, besteht die Möglichkeit, durch die Variation der Anwendung nach Einsatzmöglichkeiten zu suchen, für die aus der geänderten Ausprägung der Produktqualität Vorteile abzuleiten sind. Die systematische Variation der Anwendung erfolgt im Anschluß an die Klassifizierung der Technologie-Produkt-Kombination.

Der letzte Schritt der Methode ist die integrierte Bewertung der Technologie-Produkt-Kombination durch die Gegenüberstellung des quantifizierten Produktnutzens und des bewerteten Ressourcenverzehrs. Die Elemente der Methode sind im **Bild 4.1** zusammengefaßt.

4.1 Bestimmung des Einflusses der innovativen Technologie

4.1.1 Betrachtung der Eingangsgrößen

Zur Analyse und zur Bewertung des mit dem Einsatz einer Technologie verbundenen Aufwandes werden sog. Ressourcen betrachtet, d. h. die Mittel, die in die Produktion von Gütern und Dienstleistungen eingehen [vgl. o. V., 1993 b, S. 2831]. Erste Ansätze dieser Form der Betrachtung kommen in Betriebs- und Volkswirtschaftslehre schon

Methode zur produktorientierten Bewertung des Technologieeinsatzes

Unternehmens-interne Wertkette
- Überprüfung der Ressourcenverfügbarkeit
- Identifikation des Technologieeinflusses
- Bewertung des Ressourcenverzehrs

Unternehmens-externe Wertkette
- Charakterisierung von Produkten
- Ermittlung von Produktanwendungen
- Bewertung des Produktes

Integrierte Bewertung des Technologieeinsatzes

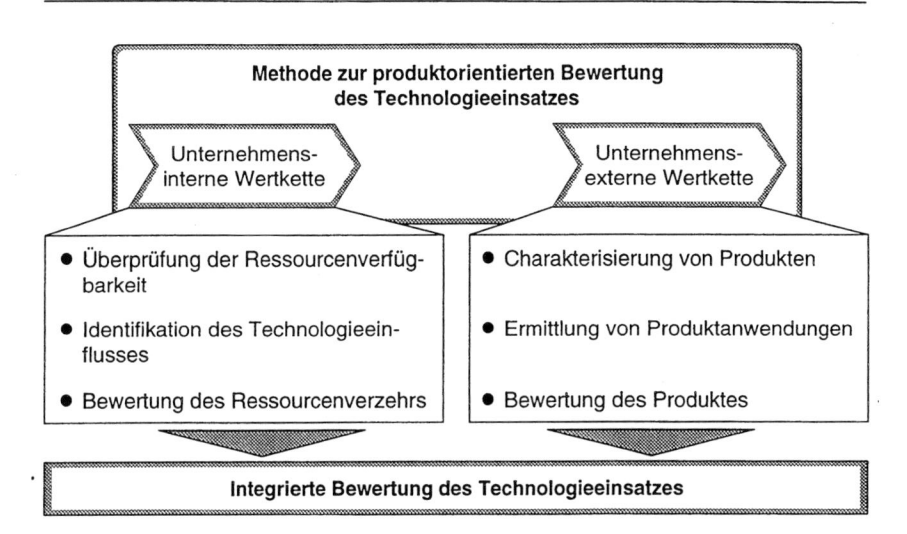

Bild 4.1: Elemente der Methode

seit längerem zum Einsatz, wenn zur Bewertung von Tätigkeiten Produktionsfaktoren herangezogen werden. So wurden volkswirtschaftlich in der Klassik (17. und 18. Jahrhundert) die Produktionsfaktoren Arbeit, Boden und Kapital unterschieden. Im Rahmen der betriebswirtschaftlichen Analyse differenziert Gutenberg die Produktionsfaktoren in elementare (Arbeit, Betriebsmittel und Werkstoffe) sowie dispositive Faktoren (die koordinativen Tätigkeiten der Geschäftsleitung) [vgl. Gutenberg, 1983, S. 3 ff.]. Andere Autoren unterteilen die Elementarfaktoren weiter in Verbrauchs-/Repetier- (RHB) und Potentialfaktoren (Arbeit und Betriebsmittel) [vgl. Busse von Colbe, 1991, S. 76 ff.].

Die Erkenntnisse, die aus einer Betrachtung der Ressourcen gewonnen werden können, sind grundsätzlich in zwei Kategorien zu unterscheiden. Einerseits gilt es, vornehmlich im Bereich strategischer Überlegungen, die ausreichende Verfügbarkeit der Ressourcen sicherzustellen. Andererseits kann die Bewertung des Ressourceneinsatzes zu Wirtschaftlichkeitsüberlegungen herangezogen werden. Nachfolgend wird daher, ausgehend von den in Kapitel 3 dargestellten Ansätzen zur monetären Bewertung eine Vorgehensweise entwickelt, welche die grundsätzliche Einordnung der Technologie in den Zusammenhang der im Unternehmen bestehenden Randbedingungen erlaubt.

Grundsätzlich wird bei den abgebildeten ressourcenorientierten Ansätzen angenommen, daß die benötigten Ressourcen unbegrenzt vorhanden oder zumindest problemlos zu beschaffen sind, so daß der Ressourcenverzehr monetär abbildbar ist.

Auf die vorgelagerte Frage ausreichender Verfügbarkeit erforderlicher Ressourcen wird nicht mehr explizit eingegangen. Daher sind die Ansätze monetärer Betrachtung für die hier zugrunde liegende Problemstellung erst in einem nachgelagerten Schritt einsetzbar.

Darüber hinaus ist jedoch die ressourcenspezifische Bewertung an Hand skalarer physikalischer Größen, bestehend aus Zahlenwert und Einheit, erforderlich, um die bestehenden Engpaßsituationen als solche abzubilden. Eine monetäre Abbildung bestehender Ressourcenengpässe ist oftmals nur bedingt zur objektiven Darstellung geeignet. Bspw. ist ein Informationsdefizit bez. der Einsatzbedingungen einer innovativen Technologie häufig nicht durch Kapital sondern nur durch Zeit zu substituieren. Die für ein entsprechendes Projekt entstehenden Kosten stellen zwar eine wichtige aber nicht die entscheidende Größe zur Abbildung des Problems dar.

In **Bild 4.2** ist der Einfluß von Zeit und Kapital auf das Projektergebnis an Hand eines dynamisch abgebildeten Projektverlaufs unter folgenden Annahmen dargestellt:

- Die Absetzbarkeit der Produkte am Markt ist, z. B. aufgrund von Konkurrenzprodukten oder technischen Weiterentwicklungen, zeitlich begrenzt.
- Das Verhältnis von Erlösen und Kosten abgesetzter Produkte ist nach deren Markteinführung konstant, d. h. die den Projektverlauf beschreibenden Kurven verlaufen parallel.

Im Szenario 1 ist der Projektverlauf entsprechend der Projektprognosen dargestellt. Die charakteristischen Größen sind der Endwert C_{n1}, d. h. der mit dem Projekt erzielbare Gewinn im Betrachtungszeitraum, die maximale Kapitalbindung K_{m1}, die Amortisationszeit t_{A1} sowie der Zeitpunkt der Markteinführung t_{M1}. Szenario 2 ist durch einen verspäteten Markteintritt gegenüber Szenario 1 gekennzeichnet, der bspw. in Problemen bei der Produktentwicklung oder der Technologieeinführung begründet sein kann. Unter der Annahme einer limitierten zeitlichen Absetzbarkeit der Produkte auf dem Markt ist in diesem Fall die mögliche Produktionszeit des Produktes reduziert. Die Ausgaben bis zum Markteintritt sind in Summe gleich, aber über einen längeren Zeitraum verteilt. In der im Bild abgebildeten Graphik wird die grundsätzlich andere Projektsituation deutlich. Sowohl die Erfolgsgröße C_{n2} ist gegenüber C_{n1} negativ ausgeprägt als auch das mit dem Projekt verbundene Risiko ist erhöht ($t_{A2} > t_{A1}$ bei K_{mi} = konst.).

Durch Szenario 3 ist beschrieben, wie durch einen erhöhten Kapitaleinsatz K_{m3}, z. B. in eine andere Technologie, zugunsten eines kurzfristiger möglichen Markteinfüh-

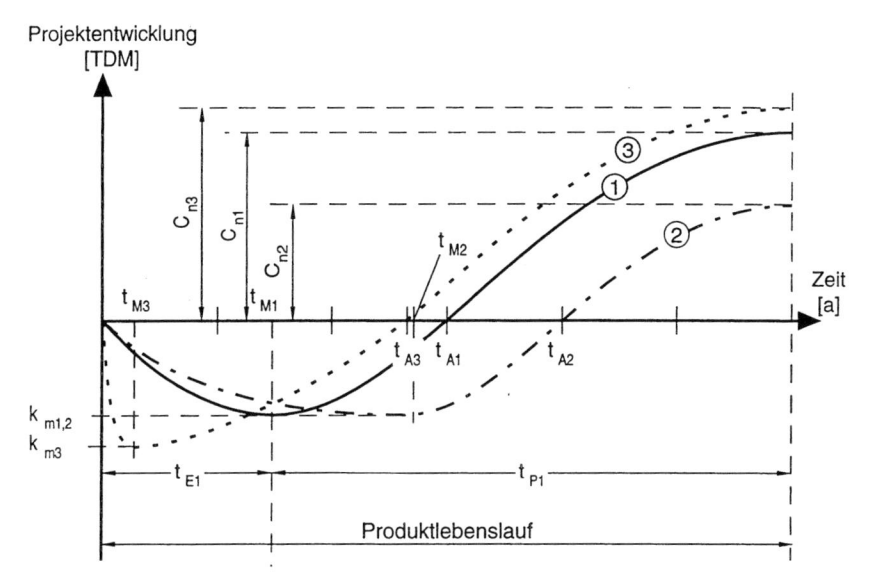

Kapitel 4 Methode zur Technologiebewertung - 73 -

Legende:
- k_{mi} : maximale Kapitalbindung für Szenario i
- C_{ni} : Endwert nach n-Perioden für Szenario i
- t_{Ai} : Amortisationspunkt für Szenario i
- t_{Mi} : Markteinführungszeitpunkt für Szenario i
- i : Index für verschiedene Szenarien
- t_{E1} : Entwicklungszeit für Szenario i
- t_{P1} : Produktionszeit für Szenario i

Bild 4.2: Einfluß unterschiedlicher Ressourcen auf das Projektergebnis

rungszeitpunktes t_{M3} gleichzeitig die Amortisationszeit t_{A3} verkürzt und der Projektgewinn C_{n3} erhöht wird. In Untersuchungen von Arthur D. Little International wurde empirisch bestätigt, daß die Folgen zeitlicher Verzögerungen auf die monetäre Projektentwicklung wesentlich schwerwiegender sind als z. B. eine Steigerung der F & E- oder auch der Betriebskosten [vgl. Töpfer, 1991 S. 170].

Durch dieses Beispiel wird die entscheidende Bedeutung der richtigen Erfolgskennzahlen ersichtlich. Die ausgeführte Problematik wird bei einer ausschließlich monetären Betrachtung nicht deutlich, die Präferenz für die Technologie der Szenarien 1 und 2 gegenüber der Technologie in Szenario 3 aufgrund geringerer Ausgaben ist unter der Annahme des Ziels der Gewinnmaximierung irrational.

Gleiche Probleme treten bei der Bewertung der Nutzung der Umweltressourcen vor dem Hintergrund auf, daß verursachte Umweltaufwendungen volkswirtschaftlich verrechnet werden aber betriebswirtschaftlich ohne Konsequenzen sein können. Die zunehmende Internalisierung dieser *externen Effekte* führt jedoch zu einem grundlegenden Wandel, so daß derartige umweltbezogene Ausgaben von volkswirtschaftlichen Aufwänden in betriebswirtschaftliche Kosten umgewandelt werden.

Bei der Auswahl von Technologien ist zunächst zu klären, ob die Voraussetzungen für ihre Einführung und den Betrieb gegeben sind. Dazu ist insbesondere die ausreichende Verfügbarkeit der erforderlichen Ressourcen sicherzustellen. Diese kann für den Einsatz innovativer Technologien nur bedingt vorausgesetzt werden. Häufig sind die Probleme in unzureichender Verfügbarkeit spezieller Ressourcen begründet (vgl. S. 31), da die Ressourcen entweder nicht vorhanden oder bereits anderweitig verplant sind. In den beabsichtigten Einsatzfeldern der verschiedenen Ansätze zur monetären Bewertung einerseits und zur Entscheidungsunterstützung bezüglich der Technologieauswahl andererseits bestehen daher wesentliche Unterschiede. Zur Abgrenzung von Ressourcenmodellen mit dem Ziel der monetären Bewertung wird der hier verfolgte Ansatz als Ressourcenallokationsmodell bezeichnet.

Zunächst ist der Ressourcenbedarf zu spezifizieren, bevor dann zur Kalkulation von Produkten auf die o. g. und beschriebenen Verfahren zurückgegriffen werden kann. Diese Methoden wurden bereits in der Praxis als erfolgreich einsetzbar bestätigt und finden hier keine weitere Betrachtung.

Das zur Entscheidungsunterstützung im Rahmen der Technologieauswahl entwickelte Ressourcenallokationsmodell ist nachfolgend dargestellt. Die Ausführungen bauen auf die im Rahmen der vorgestellten Arbeiten entwickelten Modelle auf. Aufgrund der zu beschreibenden Besonderheiten resultieren jedoch sowohl spezielle Ausprägungen hinsichtlich einzelner Ressourcen als auch die Notwendigkeit der Berücksichtigung einer weiteren Ressource, der Energie. In **Bild 4.3** sind die Ressourcen im Modell abgebildet, nachfolgend werden die bestehenden Besonderheiten thematisiert.

Zum Betrieb von Anlagen zur Umsetzung innovativer Technologien ist die Verfügbarkeit von entsprechend qualifiziertem Personal wesentliche Voraussetzung. Es müssen daher die Möglichkeiten der vorhandenen Mitarbeiter bezüglich bereits bestehender oder erlernbarer Kenntnisse und / oder die Verfügbarkeit entsprechend qualifizierter Mitarbeiter auf dem Arbeitsmarkt beurteilt werden. Von der Beantwortung dieser Frage hängt grundsätzlich die Durchführbarkeit technischer Innovationen ab. Dabei ist Personal für die Management-, die operativen und die Absatzbereiche zu berücksichtigen.

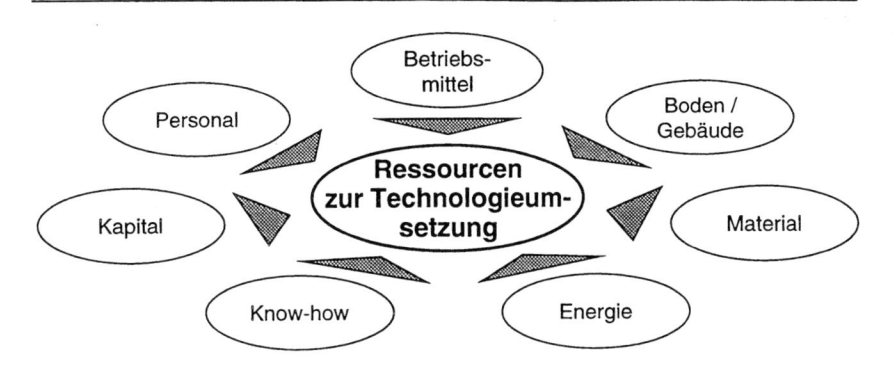

Kapitel 4   Methode zur Technologiebewertung   - 75 -

```
          Betriebs-
           mittel
 Personal              Boden /
                       Gebäude
          Ressourcen
          zur Technologieum-
 Kapital  setzung      Material

       Know-how    Energie
```

Bild 4.3:   Struktur des Ressourcenallokationsmodells zur Technologieauswahl

Bei der Einführung neuer Technologien bestehen erheblich höhere Anforderungen an die Mitarbeiter als bei der Anwendung von bereits bekannten Technologien. Dieses gilt insbesondere dann, wenn die Prozeßparameter im Unternehmen entwickelt werden müssen.

Bei der Beurteilung der Betriebsmittel ist zu berücksichtigen, daß technologische Änderungen neben entsprechenden Hauptaggregaten (z. B. Laserquelle) periphere Einheiten (z. B. Handlingseinrichtungen) voraussetzen, durch die die technologische Umsetzung erst möglich wird. Dieser Aspekt gewinnt insbesondere an Bedeutung, wenn diese peripheren Module als Sonderkonstruktionen (z. B. Spannvorrichtungen zum Laserstrahlschweißen) zu erstellen sind und die Funktionserfüllung nicht bei Aufnahme der Fertigung gewährleistet ist.

Die erforderlichen Gebäude werden zunächst durch den benötigten Raum charakterisiert. Daneben ist die Überprüfung der notwendigen Infrastruktur erforderlich. Ist z. B. die erforderliche elektrische Energieversorgung für einen Gewerbebetrieb nicht ausreichend, so kann die Herstellung der Versorgungsbereitschaft sowohl zu erheblichen finanziellen Belastungen führen als auch unter zeitlichen Gesichtspunkten bedeutende Verzögerungen bedingen.

Das Material wird über die bestehenden Ansätze hinaus sowohl hinsichtlich des Materialeinsatzes (Inputorientierung) als auch des Materialabflusses (Outputorientierung) gesehen. Dazu sind einerseits das Ausgangsmaterial und andererseits die entstehenden Produktions- und Produktreststoffe zu betrachten. Die Produktionsreststoffe werden über die fest, flüssig oder gasförmig auftretenden Emissionen beschrieben. Diese maximal zulässigen Emissionen können durch das BImSchG [vgl. § 4 BImSchG, in: Hansmann, 1994, S. 51] vor dem Hintergrund lokal vorliegender

Immissionen determiniert sein und bezogen auf konkrete Standorte den Einsatz emissionswirksamer Technologien ganz ausschließen oder gesonderte Maßnahmen in teilweise erheblichem Umfang erfordern [vgl. TA Luft Nr. 2.5, in: Hansmann, 1994, S. 393].

So ist beispielsweise das Abrasivwasserstrahlschneiden neben vielen technischen Vorteilen mit dem Nachteil behaftet, daß der Einsatz gleichzeitig mit großen Mengen des mit Werkstoff versetzten Abrasivmittels verbunden ist. Dieses Gemisch ist abhängig vom Werkstoff des Werkstücks als Sondermüll zu betrachten, der ökologisch als kritisch einzustufen ist.

Produktabfälle sind gesondert zu betrachten. Verbundkunststoffbauteile z. B. bieten Vorteile sowohl in der Herstellung als auch aufgrund des geringen Gewichts in der Nutzungsphase [vgl. o. V., 1994 b, S. 49 ff.]. Bei der Entsorgung sind die Kunststoffmatrix und z. B. Kohlefasern nicht mehr zu trennen und wiederzuverwenden. Die Berücksichtigung dieser Aspekte wird zukünftig für den Unternehmer an Bedeutung gewinnen. Durch die geänderte öffentliche Meinung und die zunehmende Zahl legislativer Restriktionen wird dieses bereits angedeutet.

Die Ressource Energie ist hinsichtlich Art und Menge zu erfassen, um einerseits die Versorgung mit entsprechenden Mengen sicherzustellen und andererseits die mit der Energieumwandlung verbundenen Konsequenzen zu erfassen. Es wurde bereits dargestellt, daß die Verfügbarkeit elektrischer Leistungen kurzfristig nur in Grenzen veränderbar ist, die im Rahmen einer Kapazitätserhöhung energieintensiver Fertigungsprozesse (z. B. thermische Prozesse) schnell erreicht werden können.

Vor dem Hintergrund der Diskussion den "Energieverbrauch" über Energiesteuern zu reduzieren wird deutlich, daß eine rein monetäre Bewertung des Energieeinsatzes bereits für mittelfristige Technologieplanungen einen nicht ausreichenden Betrachtungshorizont darstellen kann und nicht geeignet ist, die Konsequenzen, die aus dem Betrieb energieintensiver Anlagen resultieren, abzubilden. Um diese Aspekte zu berücksichtigen wurde am Fraunhofer-Institut für Produktionstechnologie eine Methode entwickelt, um insbesondere den Energie- und Materialeinsatz, der durch die Produktion von Gütern sowie der anschließenden Nutzung und Entsorgung verursacht wird, abzubilden [vgl. Binding, 1988, S. 17 ff.; Eversheim, 1994 e, S. 12 ff.].

Die Betrachtung der zum Technologiebetrieb notwendigen Energie ist vor dem gleichen Hintergrund zu sehen wie die outputorientierte Betrachtung des Materials.

Unter Know-how werden die aus Formal- und Realwissen zusammengesetzten Kenntnisse zur praktischen Verwirklichung oder Anwendung einer Sache verstanden. Formalwissen ist auf die Kenntnis logischer Zusammenhänge und Realwissen auf bestehende Erfahrungen bezogen [vgl. o. V. 1993 b, S. 3848; o. V., 1993 a, Bd. 12, S. 123].

Diese Ressource wird begrifflich von der Ressource Information der beschriebenen Ansätze abgegrenzt. Während im Rahmen des Ressourcenmodells das Ziel in der Abbildung der im Rahmen der Informationsverarbeitung verursachten Kosten besteht, wird durch die Ressource Know-how das technologiespezifische Wissen beschrieben, welches zur Anwendung von Technologien erforderlich ist. Diese Ressource ist gerade bei innovativen Technologien häufig als Engpaßfaktor anzusehen. Da das Wissen i. d. R. an Personen gebunden ist, korrelieren die beiden Ressourcen Personal und Know-how, sind aber dennoch getrennt zu betrachten. Während die Ressource Personal auf die Fähigkeiten der Mitarbeiter bezogen ist, steht hier die Verfügbarkeit entsprechenden Technologie-Know-hows im Mittelpunkt der Betrachtung. So benötigen selbst motivierte und qualifizierte Mitarbeiter eine gewisse Zeit, um neue Prozesse beherrschen zu können, wenn sie gezwungen sind, Parameterkombinationen und physikalische Effekte erst zu erforschen.

Bei der Betrachtung des betriebsnotwendigen Know-hows ist bei der Analyse der Verfügbarkeit die Berücksichtigung der bestehenden Nutzungsbeschränkungen z. B. in Form von Patenten zu berücksichtigen. Ist das Know-how patentrechtlich geschützt, können sowohl zeitliche Verzögerungen als auch zusätzliche finanzielle Aufwände entstehen. Wenn Konkurrenzunternehmen Einfluß auf die Vergabe der Patente haben, kann die Möglichkeit der Nutzung grundsätzlich in Frage gestellt sein.

Auf die Konsequenzen zeitlicher Verzögerungen bei der Technologieumsetzung wurde bereits eingegangen. Vor diesem Hintergrund kommt der korrekten Einschätzung der Verfügbarkeit gerade dieser Ressource eine besondere Bedeutung zu.

Von einer gesonderten Betrachtung der Ressource Information wird an dieser Stelle abgesehen, da die relevanten Aspekte unter anderen Ressourcen subsumiert werden können. Die Ausgaben für Hard- und Software können den Betriebsmitteln, die Personalausgaben der Ressource Personal und erforderliche Schulungen der Ressource Know-how zugeordnet werden.

Die Einführung und der Betrieb von Technologien ist zunächst mit dem Einsatz von Kapital verbunden, welches in ausreichendem Maße disponibel sein muß. Disponible Mittel sind nicht nur zur Investition sondern erfahrungsgemäß auch während der

Anlaufphase eines neuen Technologieprojektes erforderlich, solange bis ein positiver Cash-flow aus den Tätigkeiten erzielt werden kann. Um diesen Zeitpunkt zu erkennen, ist eine sorgfältige Prognose der Projektentwicklung erforderlich, aus der die Höhe des maximal erforderlichen Kapitals und insbesondere der Zeitpunkt maximaler Kapitalbindung hervorgeht.

Die Erkenntnis über die Bedeutung dieser Ressource ist im Vergleich zu den anderen genannten Ressourcen weit verbreitet. Dieses ist dadurch ersichtlich, daß viele Unternehmen eine eigene Abteilung unterhalten (Finanzwesen), die u. a. mit der Sicherstellung ausreichender disponibler Mittel beauftragt ist.

Nachdem die benötigten Ressourcen beschrieben worden sind, bedarf es nachfolgend der Operationalisierung. Dazu sind im **Bild 4.4** die Ressourcen exemplarisch durch die Angabe von Merkmalen beschrieben. Über die Ausprägungen der Merkmale wird der Ressourcenbedarf quantifizierbar. Die konkreten Merkmale der Ressourcen sind jeweils projektspezifisch abzuleiten und zu detaillieren.

Über die im Bild dargestellten Merkmale wird der Ressourcenbedarf näher bestimmt und hinsichtlich der erforderlichen Ausprägung spezifiziert. Die Ausprägungen der Merkmale werden nicht zur monetären Bewertung sondern zur Abbildung des technologiespezifischen Ressourcenprofils verwendet. Verschiedene Technologien weisen unterschiedliche Ressourcenbedarfsprofile auf. Diese lassen sich qualitativ in einem Diagramm abbilden und den im Unternehmen vorhandenen Ressourcen gegenüberstellen (vgl. **Bild 4.5**). Die erforderlichen Ressourcenbedarfe werden entsprechend ihrer Beanspruchung mit den Ausprägungen gering, mittel und hoch auf einer Skala qualitativ eingeordnet. Aus dieser Darstellung sind sowohl die erforderlichen als auch die verfügbaren Ressourcen anschaulich ersichtlich. Einerseits werden Differenzen im Ressourcenbedarf zwischen unterschiedlichen Technologiekonzepten und andererseits Defizite zwischen erforderlichen und verfügbaren Ressourcen transparent.

Durch Gegenüberstellung von erforderlichen und verfügbaren Ressourcen kann eine vierstufige Bewertung vorgenommen werden:

Stufe 1: Ressource im Unternehmen vorhanden und ausreichend verfügbar
Stufe 2: Ressource im Unternehmen nicht vorhanden, aber zu beschaffen
Stufe 3: Ressource im Unternehmen nicht vorhanden und nur mit erheblichem Aufwand zu beschaffen
Stufe 4: Ressource weder vorhanden noch zu beschaffen

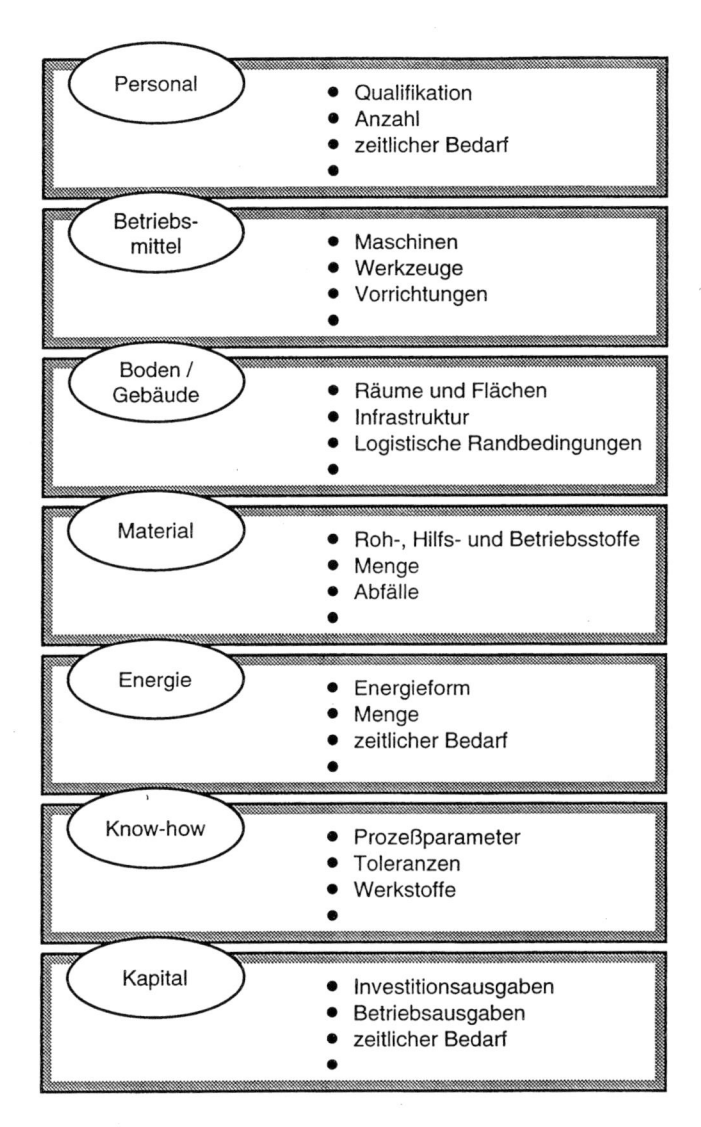

Kapitel 4   Methode zur Technologiebewertung   - 79 -

Personal
- Qualifikation
- Anzahl
- zeitlicher Bedarf
-

Betriebsmittel
- Maschinen
- Werkzeuge
- Vorrichtungen
-

Boden / Gebäude
- Räume und Flächen
- Infrastruktur
- Logistische Randbedingungen
-

Material
- Roh-, Hilfs- und Betriebsstoffe
- Menge
- Abfälle
-

Energie
- Energieform
- Menge
- zeitlicher Bedarf
-

Know-how
- Prozeßparameter
- Toleranzen
- Werkstoffe
-

Kapital
- Investitionsausgaben
- Betriebsausgaben
- zeitlicher Bedarf
-

Bild 4.4: Operationalisierung des Ressourcenallokationsmodells

Nach dieser Einteilung unterstützt die Anwendung der Methode bereits eine erste Vorentscheidung über den Technologieeinsatz durch Verneinung für den Fall der Zuordnung zu den Stufen 3 oder 4, ohne daß aus der alternativen Situation (Stufe 1 oder 2) bereits die positive Behauptung folgen würde. An dieser Stelle ist daher die Identifikation von Hemmnissen ebenso wie eine Abschätzung des Risikos möglich.

```
                    Personal
                       ↑
    Energie                    Kapital

  Boden/
  Gebäude                         Know-how


        Material         Betriebsmittel
```

Legende: ——————— : vorhandene Ressourcen   ▌▌▌▌▌▌▌▌ : Ressourcenüberschuß
         — · — · — : Technologie A   ███████ : Ressourcendefizit

```
|————————|—————→
gering  mittel  hoch
```

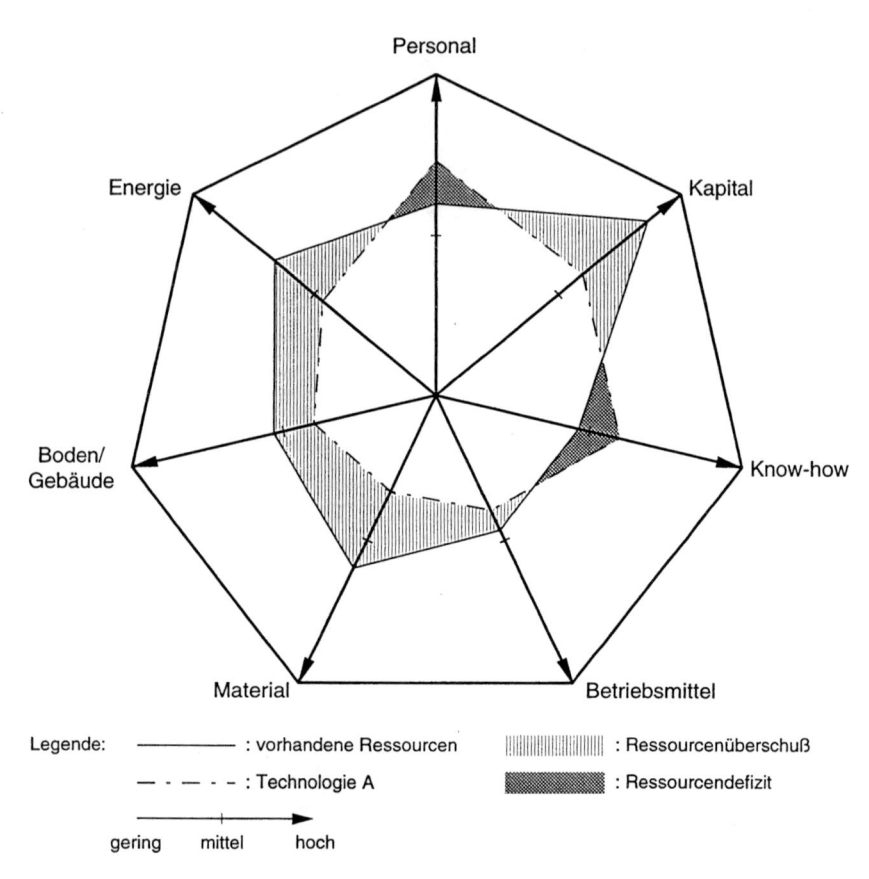

Bild 4.5: Technologiespezifisches Ressourcenprofil

Um eine positive Entscheidung zu treffen, sind die durch den Technologieeinsatz erzielbaren Ergebnisse zu analysieren. Dieses ist das Thema des nächsten Kapitels.

4.1.2 Betrachtung der Ausgangsgrößen

Die Ausgangsgrößen (Output) eines technologischen Prozesses sind qualitativ in zwei Gruppen teilbar. Einerseits wird das gewünschte Produkt hergestellt, andererseits sind viele Prozesse nur als Kuppelprozesse abbildbar und als solche mit unerwünschten Effekten verbunden. Diese können in weiteren Produkten (sog. Kuppelprodukten), Abfällen oder gar Emissionen bestehen (die genaue Bedeutung dieser Begriffe ist im Glossar des Anhangs ausgeführt).

	Funktionswert use value	Produktwert value in use	Gesamtwert perceived value
Produktattribute	●	●	●
produktunterstützende Attribute		●	●
wirtschaftlich meßbare Attribute	●	●	●
wirtschaftlich nicht meßbare Attribute			●

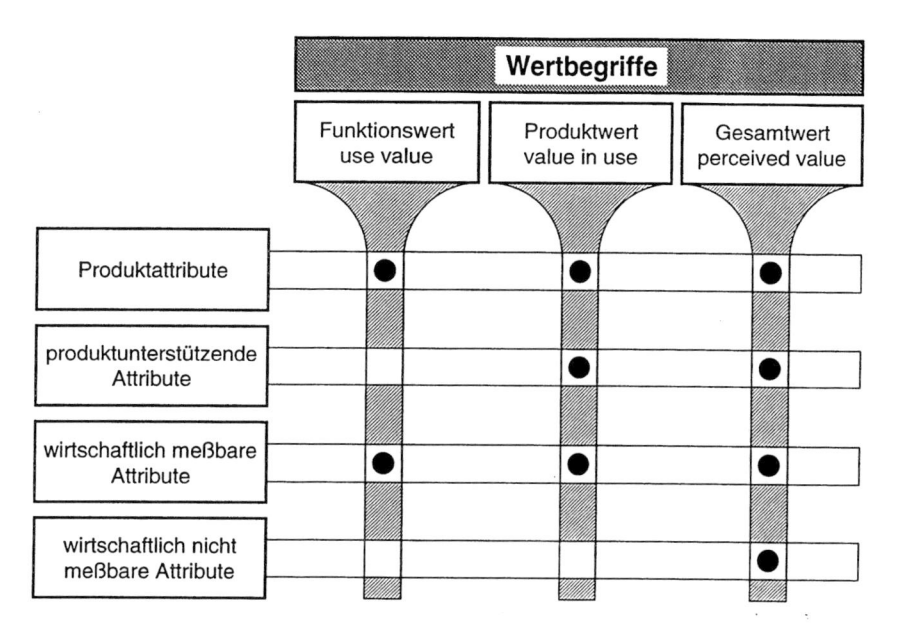

Bild 4.6: Aussagen des Gesamtwertes

Die Produkte werden in den nachfolgenden Betrachtungen an Hand des Gesamtwertes (perceived value) charakterisiert, durch den die Erfüllung der Kundenanforderungen umfassend beschrieben wird (vgl. **Bild 4.6**).

Dazu kann der bereits im Kapitel 3 definierte Gesamtwert, der aus dem Bereich des Konsumgütermarketing stammt, auf Investitionsgüter übertragen werden. Die im Bild abgebildeten wirtschaftlich meßbaren produktimmanenten und produktunterstützenden Attribute finden ebenso wie darüber hinausgehende, nicht monetär beschreibbare Attribute Berücksichtigung. Dieser Gesamtwert des Produktes wird nachfolgend bestimmt und den zur Herstellung des Produktes erforderlichen Ressourcen gegenübergestellt, die zunächst spezifiziert werden.

Neben dem eigentlichen Produkt sind auch die nicht erwünschten "Produkte" explizit berücksichtigt. Dieses ist vor dem Hintergrund der zunehmenden ökologischen Probleme erforderlich, durch die sowohl das Bewußtsein der Öffentlichkeit als auch die nationale und die internationale Gesetzgebung geprägt wird.

Die Berücksichtigung dieser Technikfolgen, die augenblicklich in vielen Fällen "nur" volkswirtschaftlich zu Aufwänden (sog. externen Effekten) führen, ist für ein zukunftsorientiertes Unternehmen grundlegend. Neben der Notwendigkeit, die unternehmensexternen und -internen Ressourcen zu schonen, ist die Internalisierung dieser externen Effekte absehbar.

Als Beispiele für die versäumte Berücksichtigung der Technologiefolgen gelten der Einsatz von Kernenergie und asbesthaltiger Bausubstanzen [vgl. Wolfrum, 1991, S. 150]. Vordergründige Vorteile wie geringe Energieerzeugungskosten oder Feuerschutz führten dazu, daß bei der Euphorie über die positiven Eigenschaften die negativen Konsequenzen nicht betrachtet wurden.

Nach dieser Darstellung der Bedeutung von Analysen der Ausgangsgrößen (Produktions-Output) wird nachfolgend der Technologieeinfluß konkret bestimmt. Die Methode beruht auf zwei Schritten. In einem ersten Schritt wird der Technologieeinfluß auf das Produkt bestimmt, bevor in einem zweiten Schritt die Konsequenzen bezogen auf die möglichen Anwendungen abgeleitet werden.

4.1.2.1 Identifikation produktbeschreibender Attribute

Der Einsatz einer bestimmten Technologie zur Herstellung eines Produktes ist nur dann für das Produktionsergebnis relevant, wenn das Produkt technologiespezifische Attribute aufweist, die von potentiellen Produktverwendern wahrgenommen werden. Ist dieses nicht der Fall, ist die Technologie an sich bedeutungslos und substituierbar. Diese Attribute können durch eine funktionsorientierte Betrachtung der Produkte abgebildet werden. Zur Ermittlung der Funktionsstruktur wird die bei konstruktiven Tätigkeiten Anwendung findende Aufgabenanalyse adaptiert und in die Methode integriert [vgl. Koller, 1973, S. 147; eine ausführliche Analyse möglicher Methoden findet sich bei Schmetz, 1992, S. 37 ff.]. Die Vorgehensweise ist in **Bild 4.7** dargestellt.

Von der Aufgabenstellung, die am vorhandenen Bedarf orientiert ist, wird die Gesamtfunktion des Produktes abgeleitet [vgl. auch o. V., 1973, S. 2; Schröder, 1994, S. 154 ff.], die in weniger komplexe Teilfunktionen und gegebenenfalls in *Elementarfunktionen* untergliedert wird. Der Schwerpunkt der Tätigkeit liegt auf der Strukturierung, d. h. dem Gliedern und Verknüpfen von Teil- und Elementarfunktionen zu einer Funktionsstruktur. Der Komplexitätsgrad der einzelnen Funktionen, also auch die Anzahl der funktionsrelevanten Parameter, nimmt in Richtung der Elementarfunktionen ab, wohingegen der Abstraktionsgrad der Funktion unverändert bleibt. Auch die Elementarfunktionen beziehen sich direkt auf eine konkrete Aufgabenstellung.

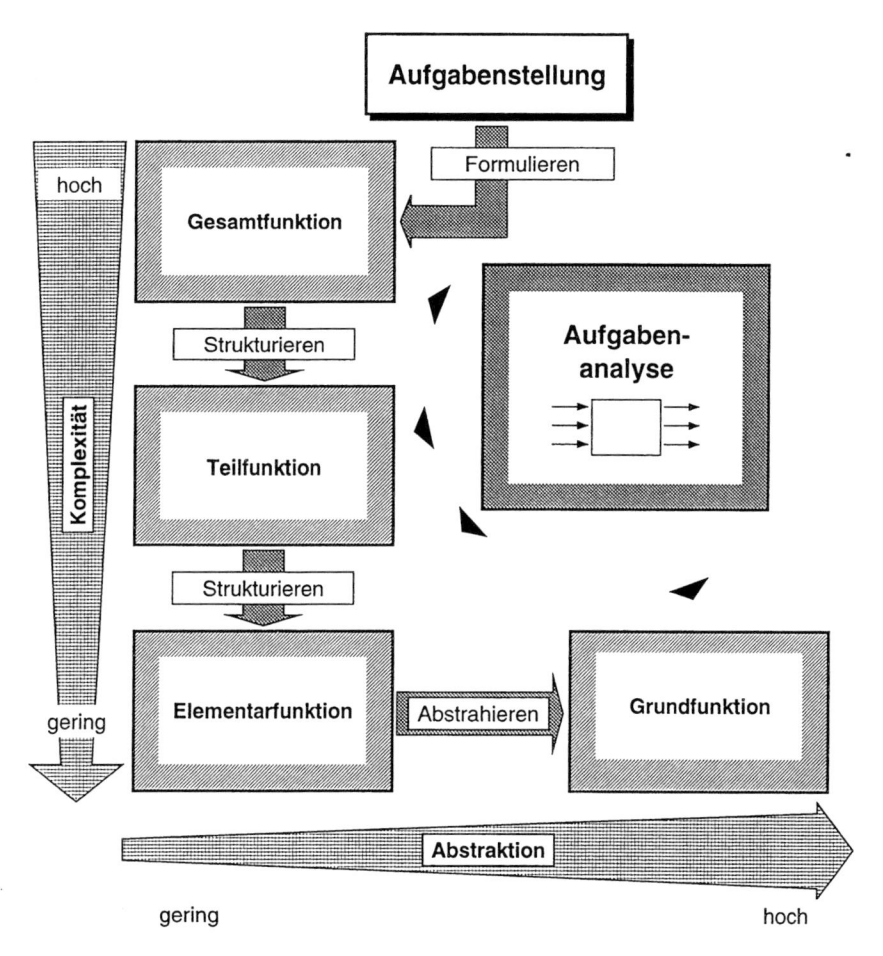

Bild 4.7: Funktionsorientierte Aufgabenanalyse

Die Elementarfunktionen unterscheiden sich von den Grundfunktionen durch einen Abstraktionsschritt. Das Allgemeine der Elementarfunktion wird von den Einzelheiten und Spezifikationen abgesondert, so daß eine allgemeingültige Grundfunktion formuliert werden kann [vgl. Koller, 1973, S. 147]. Im Anschluß an die Aufgabenanalyse werden diese Grundfunktionen entsprechend ihrer Wichtigkeit für den Produktverwender in Funktionsklassen zu Haupt- und Nebenfunktionen subsumiert. In bezug auf die Hauptfunktion des Referenzproduktes ist eine möglichst genaue Beschreibung und abstrakte Betrachtung erforderlich. Je abstrakter die Funktion formuliert werden kann, desto größer ist die Zahl von Anwendungen, die dem Produkt zugeordnet werden können.

Diese Funktionen werden nachfolgend über Produktattribute, d. h. die charakteristischen Eigenschaften des Produktes, beschrieben. Dabei werden gemäß der abgegrenzten Aufgabenstellung technische Attribute für Investitionsgüter analysiert. Im Rahmen der zu erstellenden Methode werden diese systematisch von der aufgestellten Struktur von Produktanwendungen abgeleitet. Im folgenden wird die Systematik zur Ableitung der Produktattribute ermittelt.

Die Eignung einer Produktbeschreibung für eine Methode zur Analyse des Technologieeinflusses auf Produkte hängt wesentlich von den Attributen zur Produktbeschreibung ab. Von Bedeutung ist die Differenzierung zwischen Produktattributen, die das Produkt direkt betreffen und solchen, die der Erfassung der Wirkung des Produktes dienen. Nur so ist gewährleistet, daß die Zuordnung Produkt - Produktattribut auf unterster Ebene erfolgen kann. Desweiteren ist die Quantifizierbarkeit der Produktattribute sicherzustellen. Die technische Beschreibung eines Produktes ist dann eindeutig, wenn Beschreibungsmerkmale meßbar und nachvollziehbar sind.

Das Produkt wird vollständig, d. h. in den Bereichen, die in Hinsicht auf Produktanwendungen relevant sind, beschrieben, um die Veränderung des Produktes an Hand der Veränderung der einzelnen Produktattribute erfassen zu können (vgl. **Bild 4.8**). Produktattribute dienen der Abbildung der Eigenschaften eines Produktes, mit denen Anforderungen an ein Produkt zu erfüllen sind [vgl. Eversheim, 1994 d, S. 70]. Die Anforderungen an ein Produkt werden auf der untersten Ebene der Struktur von Produktanwendungen durch die Anwendungsparameter beschrieben. Oft existieren Äquivalenzbeziehungen zwischen den Einsatzparametern und den Produktattributen. Die Intensität dieser Äquivalenzbeziehungen variiert, so daß durch einige Einsatzparameter Anforderungen beschrieben werden, für die es ein direktes Pendant in der Menge der Produktattribute gibt, während andere Ansprüche nur indirekt, z. B. durch eine Kombination von Produktattributen, erfüllt werden.

Der wesentliche Unterschied zwischen Produktattributen und Anwendungsparametern ist der Bezug zum Produkt. Während sich Produktattribute definitionsgemäß auf das Produkt selbst beziehen, wird mit Hilfe der Anwendungsparameter die Wirkung eines Produktes beschrieben. Dieser Aspekt ist für die Ableitung der Produktattribute aus den Anwendungsparametern relevant.

In Bereichen, bei denen eine starke Äquivalenz zwischen den Eigenschaften und der Wirkung eines Produktes besteht, können eine direkte Beziehung hergestellt und die entsprechenden Produktattribute unmittelbar abgeleitet werden.

Kapitel 4   Methode zur Technologiebewertung   - 85 -

Hauptfunktion	Stoffe übertragen

Spezifikation	flüssig / pulverförmig / pastös — Wasser / Öl — Druck / Temperatur

Anwendungsparameter	≤ 273 K ≤ 373 K ≤ 523 K

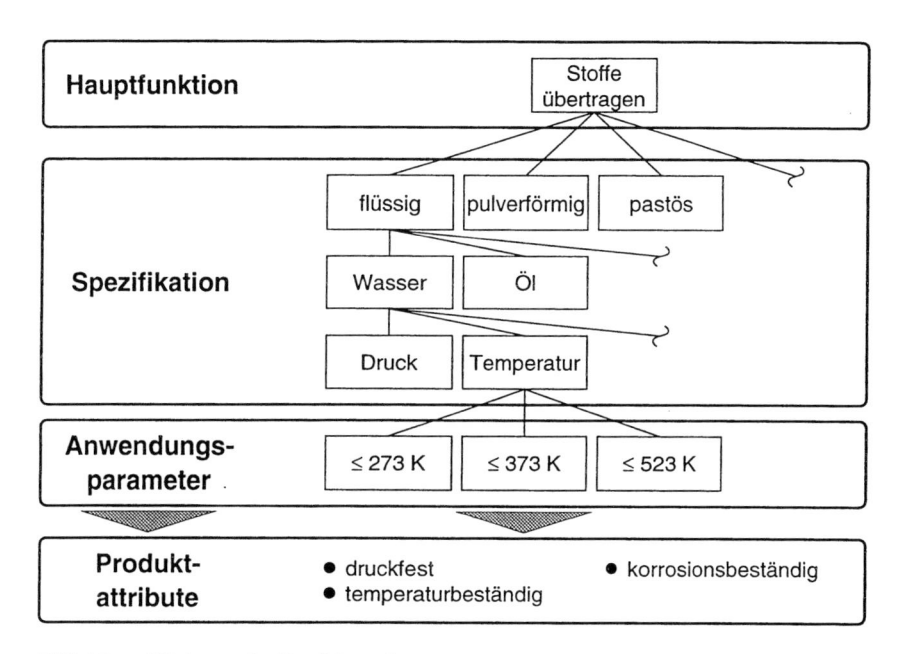

Produktattribute	• druckfest • temperaturbeständig • korrosionsbeständig

Bild 4.8: Ableitung der Produktattribute

Bei der systematischen Ableitung der Produktattribute aus den Einsatzparametern besteht eine Analogie zum QFD. Während bei Anwendung des QFD technische Konstruktionsmerkmale von kundenspezifischen Merkmalen abgeleitet werden, werden hier Produktattribute von Einsatzparametern abgeleitet (vgl. Bild 3.15). Weitere Unterschiede bestehen in der Zielsetzung beider Vorgehensweisen. QFD wird mit dem Ziel der Produktdefinition durchgeführt. Dabei werden die technischen Konstruktionsmerkmale ermittelt, um ein Produkt fertigen zu können, das den Anforderungen, die die Kunden an ein Produkt stellen, entspricht.

Die prinzipielle Vorgehensweise zur Ermittlung der Produktattribute ist der später ausführlich darzustellenden Vorgehensweise zur Suche und Sammlung von Anwendungen analog. Zunächst findet eine Abgrenzung des *Suchfeldes* statt [vgl. Eversheim, 1990 a, S. 34 ff.]. Während die Suchfeldabgrenzung bei der Ermittlung von Anwendungen an Hand der Funktionen eines Referenzproduktes bzw. an Hand der Mindestanforderungen des Pflichtenheftes vorgenommen wird, dient an dieser Stelle die technische Ausführung des Produktes als Grundlage für die Aufstellung des Suchfeldes. Dazu ist die Relevanz der Produktattribute sicherzustellen, d. h. es sind nur solche Produktattribute bedeutsam, die tatsächlich für das gegebene Produkt wichtig sind.

Im nächsten Schritt werden von den Anwendungsparametern die konkreten Produktattribute abgeleitet. Ausgangspunkt der Datenermittlung sind die Anwendungsparameter. Die Ableitung der Produktattribute erfolgt durch eine Zuordnung notwendiger Eigenschaften, um, unter der Prämisse der gegebenen technischen Ausführung des Produktes, eine bestimmte Wirkung zu erzielen.

Durch die systematische Datenermittlung wird eine möglichst große Zahl von Produktattributen innerhalb des Suchfeldes ermittelt. Das bedeutet, daß zunächst keine Selektion der Daten erfolgt. Es werden möglichst viele Produktparameter aufgestellt, die mit den aufgestellten Einsatzparametern in Zusammenhang stehen.

Nach der Datenermittlung folgt die Strukturierung und Verdichtung der Daten. Dieser Schritt kommt allerdings nur bei komplexen Produkten zur Anwendung, bei denen sich Produktattribute entweder auf einzelne Teile des Produktes oder seine Gesamtheit beziehen können. Auch hierbei ist ein Bezug zur technischen Ausführung herzustellen.

Eine mögliche Gruppierung der Produktattribute orientiert sich an den Bauteilgruppen eines Produktes. Alle Attribute, die sich auf ein einzelnes Bauteil beziehen, werden gebündelt. Diese Bündel werden auf Redundanzen überprüft, die anschließend zu eliminieren sind. Die nächste Ebene von Produktgruppen bilden jene, die sich auf Bauteilgruppen beziehen, bis schließlich Produktattribute, die sich auf das gesamte Produkt beziehen, die oberste Ebene bilden. Das Ergebnis einer derartigen Gliederung der Produktattribute ist eine Struktur, die sich an der technischen Ausführung des Produktes orientiert.

Die Richtung des weiteren Vorgehens zur Datenbeschaffung ist somit festgelegt. Durch die gewonnenen Informationen über das Referenzprodukt ist das zu betrachtende Feld von Anwendungen abgesteckt.

Mit der Bestimmung der Zweckeignung eines Produktes ist das Suchfeld gleichermaßen abgesteckt und es kann sich der Schritt einer systematischen Identifizierung von Anwendungen anschließen.

.

4.1.2.2 Bestimmung des Einflusses der Technologie

Aufbauend auf der Charakterisierung der Produkte mit Hilfe der Modellierung der Produktattribute wird nachfolgend der Technologieeinfluß auf die Attribute operationa-

Zielsetzung		
Technologieeinsatz	Abbildung des Einflusses ⇒	Produkt: • Attribute • Attributausprägungen

Vorgehensweise	
Arbeitsschritte	**Ergebnisse**
1. Betrachtung der Technologie ⇒	Stärken - Schwächenprofil
2. Identifikation der Technologierelevanz ⇒	Matrix beeinflußter Attribute
3. Bewertung des Technologieeinflusses ⇒	Variationsprofil der Attributausprägungen

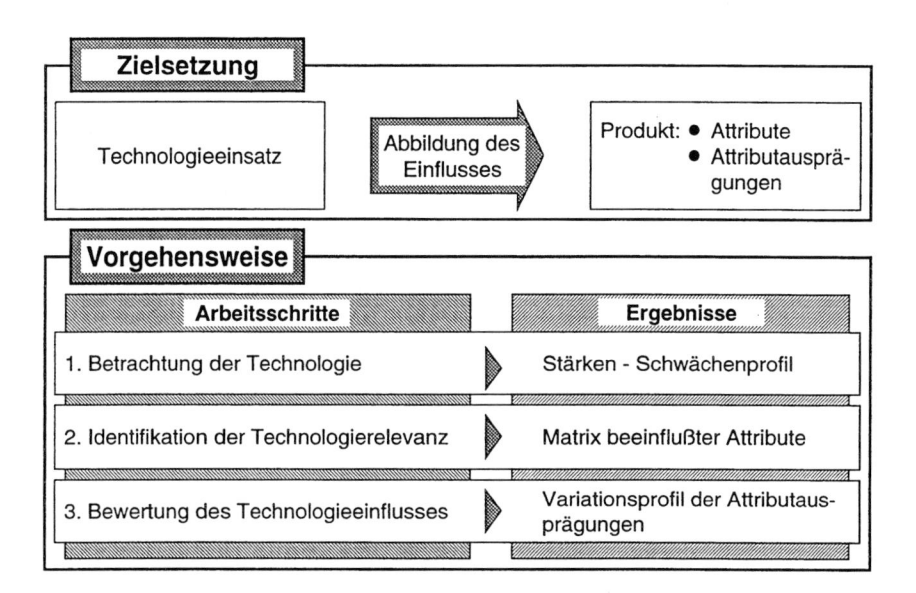

Bild 4.9: Analyse des Einflusses der Technologie

lisiert. Die Bestimmung des Einflusses einer Technologie oder auch eines Technologiewechsels auf ein Produkt ist in drei Teilschritte (vgl. **Bild 4.9**) gegliedert.

Zunächst erfolgt eine isolierte Betrachtung der Technologie, um einen direkten Einfluß auf das Produkt abschätzen zu können. Dazu werden in Form von Stärken- und Schwächenprofilen die grundsätzlichen Vor- und Nachteile der Technologie betrachtet. Durch die Übertragung der gewonnenen Kenntnisse über die Technologien auf die zu betrachtenden Anwendungen können im nächsten Schritt die tatsächlichen Auswirkungen des Technologiewechsels auf die Produktattribute qualitativ festgestellt werden. Ziel ist hierbei eine Verdichtung der Daten durch die Eliminierung nicht relevanter Daten. Der letzte Schritt, bei dem der Technologieeinfluß auf die Produktattribute bestimmt wird, führt zur anschließenden Betrachtung der Veränderung der Attribute.

Die grundsätzlichen Vor- und Nachteile einer Technologie werden durch eine Betrachtung der technologiespezifischen Stärken und Schwächen erfaßt, die in einer qualitativen Gegenüberstellung erfolgt. Als Quellen dieser Technologiespezifikation dienen sowohl Literaturrecherchen als auch Auskünfte entsprechender Technologieexperten.

Anschließend werden diese Charakteristika der Technologien hinsichtlich ihrer Relevanz auf die Produktattribute übertragen. Dabei kommen die Methoden der logischen

Datenverdichtung (im Gegensatz zur elektronischen Datenverarbeitung) zum Einsatz [vgl. Kettner, 1987, S. 56]:

- Ableitung von Parametern,
- Eliminierung und
- Strukturierung.

Eine Vereinfachung der Analyse kann durch die Ausgrenzung der Attribute erreicht werden, bei denen kein Einfluß der Technologie nachweisbar ist. Auf diese Weise kann der Aufwand für die Durchführung der Analyse reduziert werden.

Eine weitere Möglichkeit der Datenverdichtung durch eine Analyse der Technologie bietet der direkte Vergleich zweier Technologien. Im Unterschied zur Betrachtung der Möglichkeiten einer Technologie ist ein direkter Vergleich zweier Technologien effektiver, da die Technologie selbst und nicht ihre möglichen Auswirkungen auf ein Produkt betrachtet werden. Allerdings muß bei dieser Art der Betrachtung ein zusätzlicher Arbeitsschritt, die Bewertung der Wirkung der betrachteten Technologie, in Kauf genommen werden. Deshalb können durch den direkten Vergleich der Technologien ausschließlich solche Bereiche eliminiert werden, bei denen sichergestellt ist, daß die zwei Technologien in bezug auf diesen Bereich keine Unterschiede aufweisen.

Über die Verdichtung der Daten ist eine Aufwandsminderung der anschließenden Bearbeitung angestrebt. Nachfolgend werden insbesondere die Methoden der Eliminierung und Strukturierung der Daten eingesetzt. Die Strukturierung entspricht einer Ordnung und Zusammenfassung der Daten als Grundlage einer folgenden Abstraktion. Die Eliminierung ist auf Daten beschränkt, deren Relevanz in bezug auf das Thema nicht den Aufwand ihrer weiteren Verarbeitung rechtfertigt.

Eine erste Verdichtung der gewonnenen Daten erfolgt bereits durch die beschriebene Strukturierung sowohl der Anwendungen als auch der Produktattribute. Für eine weiterführende Datenverdichtung wird die Datenmenge reduziert. Diese Reduzierung des Datenbestandes wird durch die Eliminierung von Daten erreicht, bei denen sichergestellt werden kann, daß ihre weitere Verarbeitung geringen Einfluß auf das Gesamtergebnis der Analyse hat. In diesem Zusammenhang werden zwei mögliche Vorgehensweisen parallel eingesetzt, die Reduktion durch

- horizontale Analyse der Datenstruktur und
- vertikale Analyse der Datenstruktur.

Ziel der horizontalen Datenverdichtung der Struktur von Anwendungen ist der Ausschluß von Datenzweigen, deren Daten keine Verbesserung des Ergebnisses erwarten lassen. Die horizontale Analyse wird durch einen Vergleich der Ergebnisse der Betrachtung in bezug auf das Produkt irrelevanter Technologiebereiche mit den zuvor erarbeiteten Strukturen durchgeführt. Bei diesem Vergleich sind die Zweige der Struktur auf jeder Detaillierungsebene zu überprüfen. Die Kriterien zur Eliminierung eines Datenastes sind

- Invarianz der Technologie oder
- Irrelevanz der Technologie.

Die Invarianz ist auf Produktattribute bezogen, die bei einem Technologiewechsel nicht verändert werden. Unter dem Gesichtspunkt der Irrelevanz werden die Attribute betrachtet, die nicht technologispezifisch beeinflußt werden, d. h. bei deren Ausprägung sich zwei Technologien nicht unterscheiden.

Über die vertikale Eingrenzung wird der Detaillierungsgrad bestimmt. Die Qualität eines Analyseergebnisses steigt tendenziell mit ihrem Detaillierungsgrad. Die damit verbundene Steigerung des Aufwandes ist demgegenüber meistens überproportional. Um die Effektivität einer Methode zu gewährleisten, wird die Analyse nur bis zu einem aufgabenspezifischen Detaillierungsgrad durchgeführt.

Durch eine vertikale Eingrenzung der Datenstruktur wird der optimale Detaillierungsgrad bestimmt; d. h. es wird diejenige Ebene der Datenstruktur ausgewählt, die bei einem möglichst hohem Detaillierungsgrad einen vertretbaren Aufwand bedeutet. Insbesondere für die Struktur der Produktanwendungen ist es von entscheidender Bedeutung, einen Kompromiß zwischen einem möglichst hohen Detaillierungsgrad und einem möglichst geringen Aufwand der Analyse zu finden.

Je konkreter die Anwendung eines Produktes im Rahmen der Abgrenzung des Suchfeldes beschrieben wird, desto stärker sind die mit der Suchfeldabgrenzung verbundenen Beschränkungen. Damit sinkt die Anzahl der variationsfähigen Anwendungsparameter und der so zu ermittelnden Anwendungen. Mit der Reduktion der Zahl unterschiedlicher Anwendungen sinkt auch die Zahl der für die Anwendungen relevanten Produktattribute. Der Einfluß eines Wechsels der Fertigungstechnologie ist damit stark beschränkt.

Im Gegensatz dazu gibt es bei einer kleinen Anzahl von Mindestforderungen im Pflichtenheft, also einer abstrakten Schilderung der Anwendung, eine Vielzahl relevanter Produktattribute. Das heißt, der Einfluß der Technologie kann umfassender analysiert werden und der Aufwand der Analyse steigt erheblich.

Die bisher durchgeführten Arbeitsschritte der Datenbeschaffung, -strukturierung und -verdichtung sind Vorbereitungen für den folgenden Arbeitsschritt. Die Analyse des Einflusses einer Technologie kann nur aufgrund der Betrachtung der Produktmodifikation erfolgen. Daher ist die Analyse der Veränderung der Produktattribute ein entscheidender Schritt hinsichtlich der Aufgabenstellung dieser Arbeit.

Die Eingangsinformationen für diesen Schritt sind, neben den zu betrachtenden Produktattributen, Informationen, die bei einer direkten Betrachtung der Technologie gewonnen werden. Gemäß der funktionalen Betrachtung eines Produktes, wie sie schon eingehend erläutert wurde, zeichnet sich ein Produkt durch die Ausprägung seiner Attribute aus. Die Feststellung einer Produktmodifikation geschieht an Hand eines Vergleichs der Ausprägung ihrer Attribute. Der Wechsel der Fertigungstechnologie spiegelt sich direkt in der quantitativen Veränderung, also der Veränderung der Ausprägung der Produktattribute wieder. Identifizierung und Bewertung dieser Veränderungen sind wesentliche Erkenntnisse im Rahmen der Beurteilung des Einflusses der Fertigungstechnologie auf ein Produkt.

Über die Gesamtheit der Produktattribute wird das Produkt beschrieben. Dabei besitzen die Produktattribute unterschiedliche Bedeutung. Der Einsatz eines Produktes für eine bestimmte Anwendung hängt in unterschiedlichem Maße von der Ausprägung der einzelnen Attribute ab. Insofern beeinflußt auch die Veränderung der Attribute die Produktanwendungen in unterschiedlichem Maße, zum einen wegen des unterschiedlichen Einflusses der einzelnen Attribute, zum anderen, weil durch den Technologiewechsel eine Veränderung der Attribute in unterschiedlichem Maße bewirkt wird.

Dieser unterschiedlichen Relevanz von Produktattributen einerseits und den Ausprägungen der Attribute andererseits wird bei der quantifizierten Bewertung in den nachfolgenden Kapiteln Rechnung getragen. Dieses geschieht durch die Abschätzung der relativen Wichtigkeit der Attribute und der Teilnutzen der Attributausprägungen.

Zunächst ist jedoch der Einfluß der Technologie auf die Veränderung der Produktattribute qualitativ zu betrachten. Die tendenzielle Änderung der Produktattribute wird in den folgenden Ausprägungen berücksichtigt:

- Verbesserung
- Verschlechterung oder
- keine Auswirkung.

Ein Technologiewechsel beeinflußt nicht prinzipiell alle Produktattribute. Bereiche, bei denen offensichtlich keine Beeinflussung stattfindet, werden im Rahmen der Datenverdichtung eliminiert. Im weiteren Vorgehen werden identifizierbare Veränderungen dahingehend untersucht, ob eine Verstärkung oder Abschwächung des Produktattributes eingetreten ist. Bei Attributen, über die in diesem Zusammenhang keine Aussage möglich ist, wird davon ausgegangen, daß keine Veränderung stattgefunden hat.

Die konkrete Bewertung der Produktattribute hinsichtlich des konkreten Technologieeinflusses ist entweder aufgrund des Technologiewissens oder durch die Auswertung praktischer Versuche möglich. Diese empirischen Studien können an Hand der zu betrachtenden Attribute ausgelegt werden. Vielfach ist der Vergleich zweier Produkte ausreichend, absolute Aussagen über ein spezielles Produktattribut sind nicht erforderlich.

4.2 Klassifizierung der Technologie-Produkt-Kombination

Für die Beantwortung der Frage nach der Eignung einer Technologie zur Herstellung eines konkreten Produktes wurden die wesentlichen Grundlagen geschaffen. Dieses wurde durch die Beschreibung des Produktes an Hand von Attributen und der Abbildung des Technologieeinflusses auf diese Attribute erreicht. In den folgenden Untersuchungen werden die möglichen Technologie-Produkt-Kombinationen klassifiziert. Darauf aufbauend wird systematisch der Anwendungsbereich des Produktes erweitert, um die technologischen Möglichkeiten in eine Produktwertsteigerung aus Anwendersicht umzusetzen.

4.2.1 Das Quadrantenmodell zur qualitativen Beurteilung

Die Situation der Bewertung von Technologie-Produkt-Kombinationen wird durch den unterschiedlichen Einfluß der Technologie auf ungleich bedeutsame Produktattribute charakterisiert.

Diese Zusammenhänge können in einem Quadrantenmodell der Technologie-Produkt-Kombinationen (TPK) dargestellt werden (vgl. **Bild 4.10**). In Anlehnung an Technologie-Portfolio-Konzepte [vgl. Dunst, 1979, S. 91 ff.; Servatius, 1991, S. 44 ff.] werden die aus den Technologieeigenschaften resultierenden Möglichkeiten der Einflußnahmen auf das Produkt an der Bedeutung von Veränderungen der Produktattribute systematisch analysiert und gemessen. Das Quadrantenmodell dient als Abbildung der grundsätzlichen Situation verschiedener Korrelationsansätze der Technologie-

Relevanz der
Produktattribute

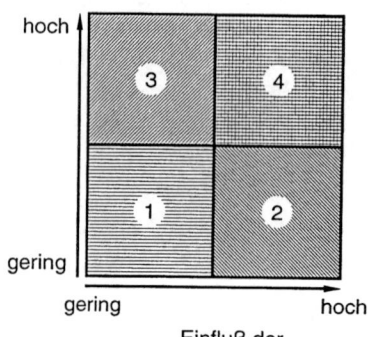

hoch

3	4
1	2

gering

gering   hoch
Einfluß der
Technologieeigenschaften

① geringe Attraktivität der Technologie - Produkt - Kombination

② Produktoptimierung bei bedeutungslosen Produktattributen
=> falsches Produkt

③ geringer Technologieeinfluß auf entscheidende Produktattribute
=> falsche Technologie

④ grundsätzlicher Analyseschwerpunkt

Bild 4.10: Quadrantenmodell der Technologie-Produkt-Kombination

Produkt-Kombinationen und der Ableitung grundsätzlicher Hinweise (Normstrategien) für die weitere Vorgehensweise. Durch eine entsprechende Analyse ist die Elimination wenig sinnvoller und die Identifizierung von weiter zu betrachtenden Kombinationen möglich.

Ist die Technologie durch einen geringen Einfluß auf die Produktattribute gekennzeichnet (Quadrant 1), geht von der Technologie-Produktkombination (TPK) eine geringe Attraktivität aus. Das Produkt weist keine entscheidenden Ausprägungen auf, die im Einsatz der speziellen Technologie begründet sind. Die Bewertung der TPK wird rein monetärorientiert vorgenommen.

Der durch den zweiten Quadranten beschriebene Bereich ist durch einen großen Einfluß der Technologie auf unbedeutende Produktattribute gekennzeichnet. Eine Verbesserung des Produktes ohne Steigerung des vom Kunden wahrgenommenen Wertes ist die Folge. Dieses bedeutet, daß in diesem Fall die Technologie zur Herstellung der falschen Produkte eingesetzt wird. Der Einsatz der Technologie kann aber dennoch dann sinnvoll sein, wenn es gelingt, Kunden zu finden, die aufgrund anderer Anwendungsfälle diese Verbesserung des Produktes honorieren. Dieser Aspekt der Variation von Produktanwendungen ist Gegenstand der Betrachtungen im folgenden Unterkapitel.

Bei der TPK im dritten Quadranten weist die Technologie nur einen geringen Einfluß auf die primären Produktattribute auf. In diesem Fall wird durch die Technologie keine

Durch die TPK des vierten Quadranten werden die Produkte hinsichtlich ihrer wesentlichen Attribute maßgeblich durch die Technologie verändert. Dieses ist der für weitere Untersuchungen prädestinierte Bereich. Der entscheidende Aspekt bei der Technologiebewertung besteht im Nachweis eines möglichen Mehrwertes und der Umsetzbarkeit in einen erhöhten Erlös.

Mit dieser Einordnung ist durch die vorgenommene vereinfachte Darstellung der Zusammenhänge ein sinnvoller Einstieg in die Bewertungsproblematik möglich, den es nachfolgend zu konkretisieren gilt.

4.2.2 Variation der Anwendung

Ausgangssituation für die Bewertung des Technologieeinsatzes ist eine Referenz, die durch ein Produkt für eine Anwendung bestimmt ist (vgl. **Bild 4.11**). Durch den Einsatz der Technologie ist eine qualitative Variation der Produktattribute und somit der möglichen Anwendungen erzielbar. Dieser Variation der Produktattribute steht eine Differenzierung des Produktes mit Hilfe einer Zielgruppenerweiterung möglicher Konsumenten gegenüber [vgl. Koppelmann, 1993, S. 12 ff.].

Die Aufgabe besteht nachfolgend darin, möglichst zahlreiche Anwendungen zu identifizieren, deren Bedarf den Funktionen des Referenzproduktes entspricht. Grundvoraussetzung der hier angestellten Betrachtung ist die Unveränderlichkeit der

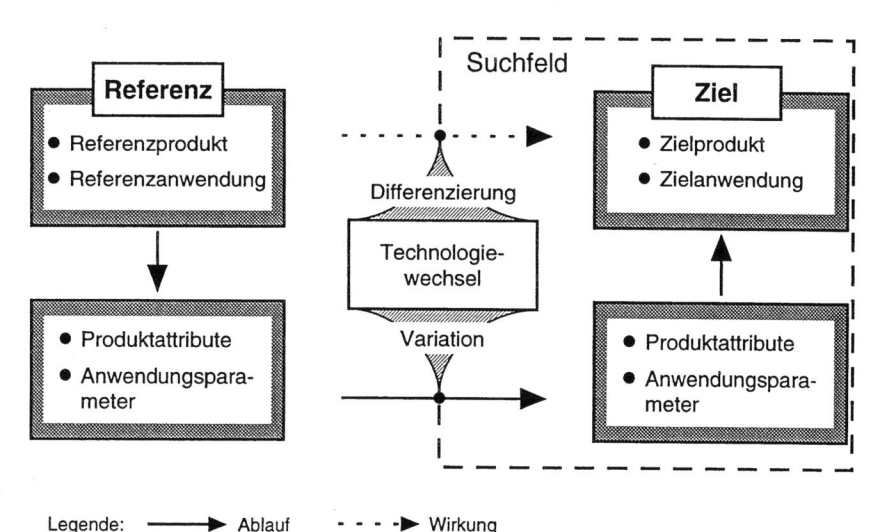

Bild 4.11: Eingrenzung des Suchfeldes

Eingangsgröße	Funktion	Ausgangsgröße
Referenzprodukt	abgrenzen	Suchfeld
Suchfeld Referenzanwendung	identifizieren	Produktanwendungen
Produktanwendung	ableiten	Anwendungsparameter
Anwendungsparameter	ableiten	Produktattribute
Produktattribute Technologieeinfluß	bewerten	Änderung der Produktattribute
Produktattribute Anwendungsparameter	ermitteln	Matrix
Änderung der Produktattribute Matrix	identifizieren	**Mögliche neue Anwendungen**

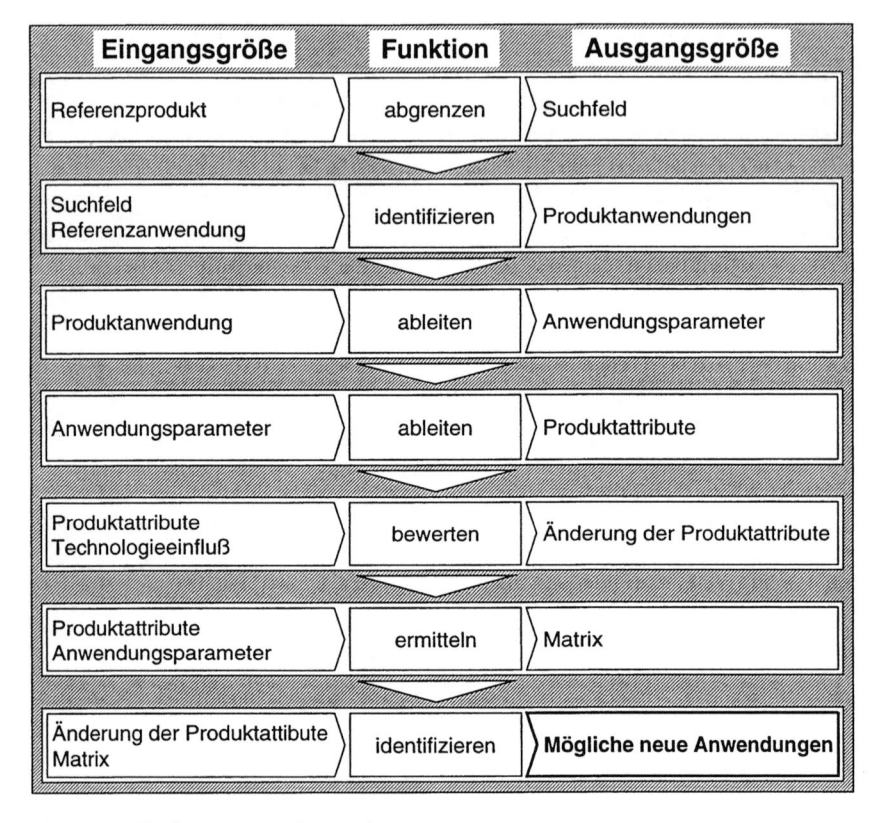

Bild 4.12: Ableitung neuer Anwendungen

im Pflichtenheft enthaltenen Hauptfunktionen bzw. des Funktionsfeldes [vgl. Brankamp, 1971, S. 35 f.]. Die in den nachfolgenden Betrachtungen zu identifizierende Zweckeignung des Produktes basiert in erster Linie auf dieser Hauptfunktion des Produktes. Eine weitere Unterteilung erfolgt an Hand einer Untersuchung der Nebenfunktionen. Auf diese Weise wird der Tatsache Rechnung getragen, daß ein Produkt über seine eigentliche Zweckeignung hinaus Funktionen erfüllt. Geeignete Anwendungen für diese bis dato ungenutzten Produktfunktionen zu finden, ist Aufgabe der hier dargestellten Vorgehensweise. Durch Erfassung des im Suchfeld auftretenden Bedarfs werden Möglichkeiten aufgezeigt, diese Produktfunktionen zu nutzen.

Nachdem bisher ausgehend von den Anwendungen über die Bestimmung von Anwendungsparametern die Produktattribute abgeleitet worden sind, ist darauf aufbauend die Invertierung dieses Vorgehens erforderlich (vgl. **Bild 4.12**). Die Veränderung der Produktattribute wird mit den Anforderungen einer Anwendung an ein

Produkt verglichen. Auf diese Weise können Rückschlüsse vorgenommen werden, in welchem Maße sich die Attraktivität des Produktes in bezug auf verschiedene Anwendungen verändert hat.

Die Identifizierung von relevanten Anwendungen, also solcher Anwendungen, deren Anforderungen an das Produkt nach dem Technologiewechsel besser erfüllt werden als zuvor, ist von besonderem Interesse.

Die zu analysierenden Elemente der Matrix betreffen die Anforderungen einer Anwendung an ein Produkt, die in den Relationen zwischen Anwendungsparametern und Produktattributen dokumentiert wird. Diese Anforderungen werden mit den Veränderungen der jeweiligen Produktattribute verglichen. Im Rahmen einer qualitativen Analyse gibt es zwei mögliche Arten der Auswirkung des Technologiewechsels in bezug auf eine Anwendung: entweder haben sich die Voraussetzungen für den Einsatz eines Produktes durch die Veränderung der Produktattribute verbessert oder verschlechtert (vgl. **Bild 4.13**).

Eine Verbesserung der Voraussetzungen tritt dann ein, wenn der Wechsel der Technologie ein Produktattribut verstärkt, welches für eine Anwendung positiv relevant ist, oder wenn der Wechsel der Fertigungstechnologie das Produktattribut in einer Ausprägung abschwächt, welche für eine Anwendung negativ relevant ist. In beiden Fällen sollte der Einsatz des Produktes hinsichtlich der betreffenden Anwendung geprüft werden, da seine Attraktivität gestiegen ist: im ersten Fall durch eine Verstärkung der Vorteile, im zweiten durch eine Abschwächung der Nachteile.

Eine Abwertung der Voraussetzungen tritt dagegen ein, wenn entweder durch den Technologiewechsel ein Produktattribut verstärkt wird, das für die Anwendung negativ relevant ist, oder wenn ein Produktattribut in seiner Ausprägung abgeschwächt wird, das für die Anwendung positiv relevant ist. Die Attraktivität des Produktes in bezug auf die Anwendung ist gesunken, und der Einsatz des Produktes für diese Anwendung muß überprüft werden.

Der nächste Schritt ist die systematische Auflistung von Vor- und Nachteilen des Technologiewechsels für eine Anwendung. Zunächst werden nicht nur die Aspekte aufgeführt, die sich positiv oder negativ verändert haben, sondern auch die Aspekte, bei denen keine Veränderung festgestellt wurde.

Positive Aspekte sind solche, bei denen sich Produktattribute zugunsten des Einsatzes des Produktes verändert haben. Negative Aspekte betreffen Produktattribute, bei denen die Attraktivität des Produkteinsatzes in bezug auf eine Anwendung

Technologie-einfluß	Anwendungen				
	1	2	3	...	m
Attribut 1 ↑	+	−	−		+
Attribut 2 ↓	−	+	−		+
Attribut 3 ╱	−	−	−		+
⋮					
Attribut n ╱	+	+	−		−
Bewertung	2	m-1	m		1

Legende:
↑ : Verbesserung
↓ : Verschlechterung
╱ : kein Einfluß
+ : Einfluß vorhanden
− : kein Einfluß vorhanden

Bild 4.13: Abbildung des Technologieeinflusses auf Anwendungsparameter

gesunken ist. Unter neutralen Aspekten werden solche verstanden, bei denen entweder keine Veränderung festgestellt wurde oder die für die Anwendung nicht relevant sind. Diese Auflistung dient einer späteren Relativierung der Veränderungen des Produktes. Durch die Abschätzung der Anzahl der Attribute wird ein erster Eindruck davon gewonnen, welchen Umfang der Einfluß des Technologiewechsels auf das Produkt hat.

Erst nach Erstellung dieser Auflistung kann eine Auswertung des Einflusses des Technologiewechsels auf die Anwendungen erfolgen. Ausgangspunkt der Betrachtungen ist die Beibehaltung aller im Pflichtenheft geforderter Produktfunktionen. In bezug auf diese Funktionen gilt hier der Grundsatz, daß sie nach der Produktmodifikation in mindestens gleicher oder besserer Qualität erfüllt werden müssen wie zuvor. Auf der anderen Seite gibt es Produktattribute, deren Vorhandensein eine bestimmte Anwendung a priori ausschließt. Durch diesen absoluten Anspruch an ein Produkt wird die Möglichkeit eröffnet, bestimmte Anwendungen definitiv aus der Menge der relevanten Anwendungen nach dem Technologiewechsel auszuschließen. Durch Kennzeichnung der betroffenen Produktattribute ist die Veränderung des Produktattributes ein hinreichendes Kriterium, um die Anwendung im Falle einer Abweichung auszuschließen.

Für diese Abweichung bestehen grundsätzlich zwei Möglichkeiten. Zum einen kann eine spezielle Ausführung eines Produktes erforderlich sein, so daß ein Produktattribut unbedingt in einer gewissen Ausprägung vorhanden sein muß, durch den Technologiewechsel aber abgeschwächt wird. In diesem Fall ist diese Tatsache dominant und führt dazu, daß das Produkt für diese Anwendung nicht in Frage kommt. Die zweite Möglichkeit besteht, wenn eine Attributausprägung für eine bestimmte Anwendung unerwünscht ist, die durch den Technologiewechsel verstärkt wird. Dieses hat dieselben Konsequenzen.

An dieser Stelle ist die Produkteinsatzanalyse abgeschlossen. Die verschiedenen Ergebnisse und Teilergebnisse müssen vor allem durch eine Gewichtung der Anforderungen des Kunden an ein Produkt verifiziert und weitergehend untersucht werden. Sowohl die Liste der Produktattribute als auch die Anforderungen verschiedener Anwendungen an ein Produkt bieten eine gute Grundlage für weiterführende Untersuchungen.

4.3 Quantitative Bewertung des Produktes

Zur Bewertung der ergebnisorientierten Einflußmöglichkeiten wird nachfolgend der Produktgesamtwert entsprechend dem Präferenzprofil potentieller Anwender operationalisiert. Zu diesem Zweck werden die geeigneten Verfahren der Conjoint-Analyse bestimmt und in die Methodik integriert.

4.3.1 Die Conjoint-Analyse zur Bewertung von Produkten

Zur Produktbewertung eignet sich der dekomponierende Ansatz der klassischen Conjoint-Analyse, da das vollständige Produkt mit den Konkurrenzprodukten verglichen werden kann. Dadurch wird eine weitgehend realitätsnahe Entscheidungssituation für den Befragten geschaffen, wodurch die Vorhersagegenauigkeit des Analyseverfahrens ansteigt. Der in den letzten Jahren stark zunehmende Einsatz der dekomponierenden Conjoint-Analyse hat zur Entwicklung vielfältiger Vorgehensweisen geführt, die prinzipiell bereits vorgestellt wurden.

Bestimmte Berechnungsverfahren zur Bestimmung der Teilnutzwerte basieren auf der Annahme einer Funktion, welche die Beziehung zwischen der Präferenz des Entscheidungsträgers und der Attributausprägung darstellt. Verschiedene Funktionen können unterschieden werden. Es handelt sich um

- das discrete model,
- das linear model oder auch vector model,
- das ideal model oder auch ideal point model,
- das antiideal model
  sowie um das part worth function model.

Die verschiedenen Funktionen sind in **Bild 4.14** dargestellt. Werden nicht-metrisch skalierte Attribute verwendet, so kann das discrete model verwendet werden. Dabei wird keine funktionale Abhängigkeit der Präferenz von den Attributausprägungen unterstellt.

Hingegen wird mit dem linear model eine lineare Abhängigkeit der Präferenz von den Attributausprägungen angenommen, wie dieses z. B. für Preise gilt, wenn ein niedrigerer Preis eine höhere Präferenz bedingt und umgekehrt. Abschnittsweise lineare Funktionen werden mit Hilfe des part worth function model abgebildet.

Das ideal model kann eingesetzt werden, wenn eine optimale Ausprägung existiert und die Präferenz des Entscheidungsträgers für Ausprägungen mit zunehmendem Abstand von der idealen Ausprägung abnimmt. Zur mathematischen Beschreibung wird eine quadratische Funktion verwendet.

Für den umgekehrten Fall, der Existenz einer minimal präferierten Attributausprägung, wird das antiideal model angenommen, welches vom quadratischen ideal model nur durch das Vorzeichen differenziert wird.

Die aufgeführten Funktionen sind auf den Zusammenhang zwischen der Präferenz und der Ausprägung eines Attributes bezogen. In der Praxis beruhen die Annahmen für die Beziehung zwischen den Präferenzen und den Attributausprägungen für ein vollständiges Produkt nicht alle auf demselben funktionalen Zusammenhang. In diesem Fall werden mehrere Funktionalitäten (sog. mixed model), welche die Zusammenhänge zwischen Präferenz und Ausprägung je Attribut beschreiben, angenommen [vgl. o. V., 1990, S. B-16; ebenda, S. C13 - C14; Green, 1990, S. 4].

Sofern die Conjoint-Analyse mit der Full-profile-Methode in einem reduzierten Desing (fractional factorial design) durchgeführt wird und die Schätzung mit der multiplen Regression erfolgt, kann die Wahl zwischen den Präferenzmodellen auf Basis eines statistischen Vergleichs erfolgen. Dazu wird die folgende Größengleichung verwendet [vgl. ebenda, S. 5.]:

$$E\hat{M}SEP_m = (\bar{R}_g^2 - \bar{R}_m^2) + (1 - \bar{R}_g^2)(1 + \frac{k}{n}) \qquad (2)$$

$EMSEP_m$ steht für Estimate of the expected Mean Squared Error of Prediction of model m. Mit model m wird die zugrundegelegte Funktion bezeichnet, es kann sich um das linear, das ideal point, das part worth oder das mixed model handeln. R_g^2 bezeichnet den Mehrfachkorrelationskoeffizienten für die am wenigsten restriktive

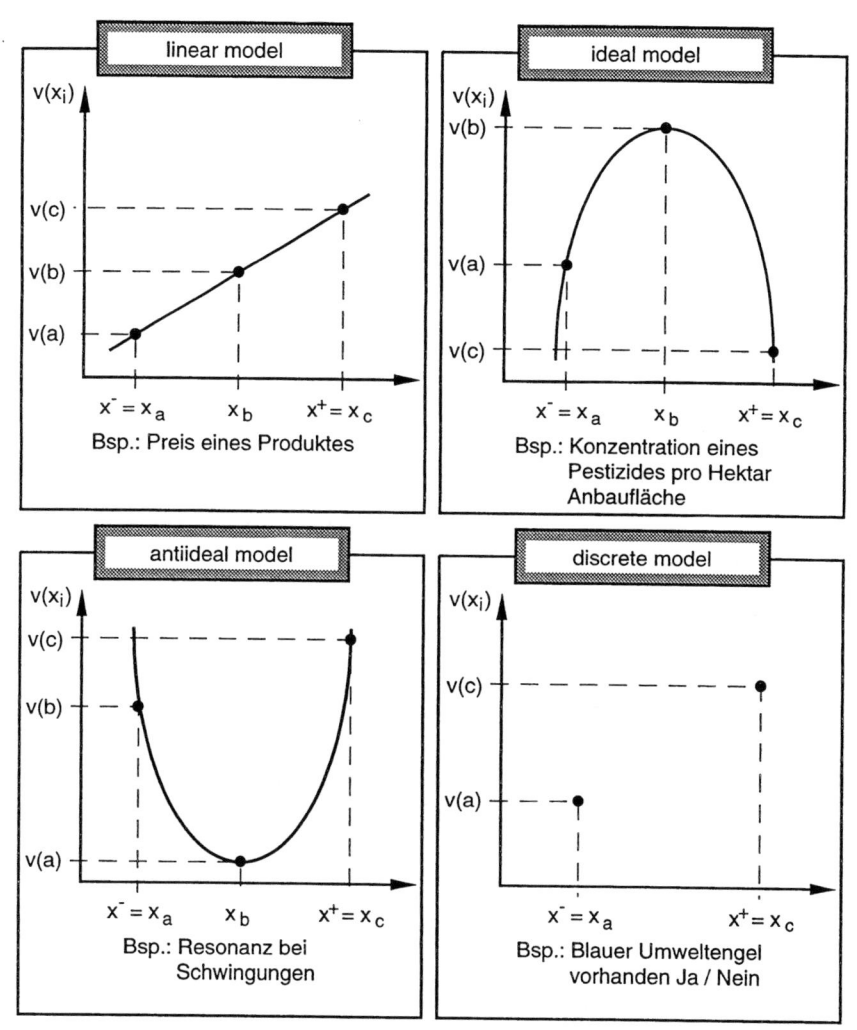

Kapitel 4   Methode zur Technologiebewertung   - 99 -

Bild 4.14: Modelle zur Abbildung der Präferenz in Abhängigkeit von Attributausprägungen

Funktion. Bei Betrachtung der zuvor genannten 4 Modelle ist das allgemeinste und am wenigsten restriktive Modell das part worth model, da mit ihm die meisten Parameter der Regressionsfunktion angenähert werden. Der Mehrfachkorrelationskoeffizient R^2_m steht für das R^2 der gewählten Funktion. Das k steht für die Anzahl der geschätzten Teilnutzwerte im verwendeten Modell m, während n die Anzahl der verwendeten Stimuli bezeichnet. Mit Hilfe der Größengleichung läßt sich die Auswahl der geeignetsten Funktion verbessern, da die Funktion, die den geringsten $EMSEP_m$ liefert, den kleinsten Vorhersagefehler verursacht.

4.3.2 Experimentelles Design und Methoden der Datenerfassung

Das experimentelle Design einer Conjoint-Analyse ist entscheidend für die Realitätsnähe der empirischen Untersuchung. Prinzipiell stehen zwei Vorgehensweisen zur Präsentation der fiktiven Produkte, der Stimuli, zur Auswahl. Es handelt sich um

- die Full-profile-Methode
- sowie um die Trade-off-Methode (two-attribute-at-a-time-Methode, tradeoff tables, two-factors-at-a-time-Methode) [vgl. Green, 1990, S. 5; Backhaus, 1994, S. 505 ff.].

Das experimentelle Design der Full-profile-Methode ist sehr aufwendig. Dem Entscheidungsträger werden fiktive Produkte, Kombinationen verschiedener Ausprägungen der entscheidenden Produktattribute präsentiert. Die Anzahl der Stimuli steigt mit weiteren Attributen und Ausprägungen sehr schnell an. Die Full-profile-Methode ist bei experimentellen Designs mit bis zu 6 Attributen sehr gut anwendbar, da die Befragten bei einer größeren Anzahl von Attributen und Attributausprägungen sonst zur Anwendung von Simplifizierungsstrategien neigen [vgl. ebenda, S. 9]. Die Methode hat den Vorteil, daß vollständige Produkte präsentiert werden, wodurch ganzheitliche Beurteilungen möglich sind, die Aussagen über die Wahrscheinlichkeit eines Testkaufs, eines Markenwechsels oder von Kaufabsichten zulassen.

Die Unterschiede zwischen der Full-profile- und der Trade-off-Methode sowie die Auswirkungen auf den Bearbeitungsaufwand werden an Hand eines Beispiels in **Bild 4.15** dargestellt.

Bei der Trade-off-Methode werden jeweils zwei Attribute mit den zugehörigen Ausprägungen in mehreren 2 x 2 Bewertungsmatrizen verglichen. Dadurch wird der Bearbeitungsaufwand für die Testperson entscheidend verringert. Grundlage für dieses experimentelle Design ist die Annahme, daß dem Kaufentscheid eines Konsumenten ein kognitiver Entscheidungsprozeß zur Bewertung der Attribute verschiedener Produkte mit dem Ziel der Aufstellung einer Präferenzordnung zugrunde liegt. Die Anwendung dieser Methode hat in den letzten Jahren jedoch abgenommen, da zwar

Trade-off-Methode

Preis [TDM] \ Dieselverbrauch [l/100 km]	20	25	30
120			
140			
160			

Motorleistung [kW] \ Nutzlast [t]	15	17	22
140			
180			
220			

Dieselverbrauch [l/100 km] \ Nutzlast [t]	15	17	22
20			
25			
30			

Nutzlast [t] \ Preis [TDM]	120	140	160
15			
17			
22			

Preis [TDM] \ Motorleistung [kW]	140	180	220
120			
140			
160			

Dieselverbrauch [l/100 km] \ Motorleistung [kW]	140	180	220
20			
25			
30			

Full-profile-Methode

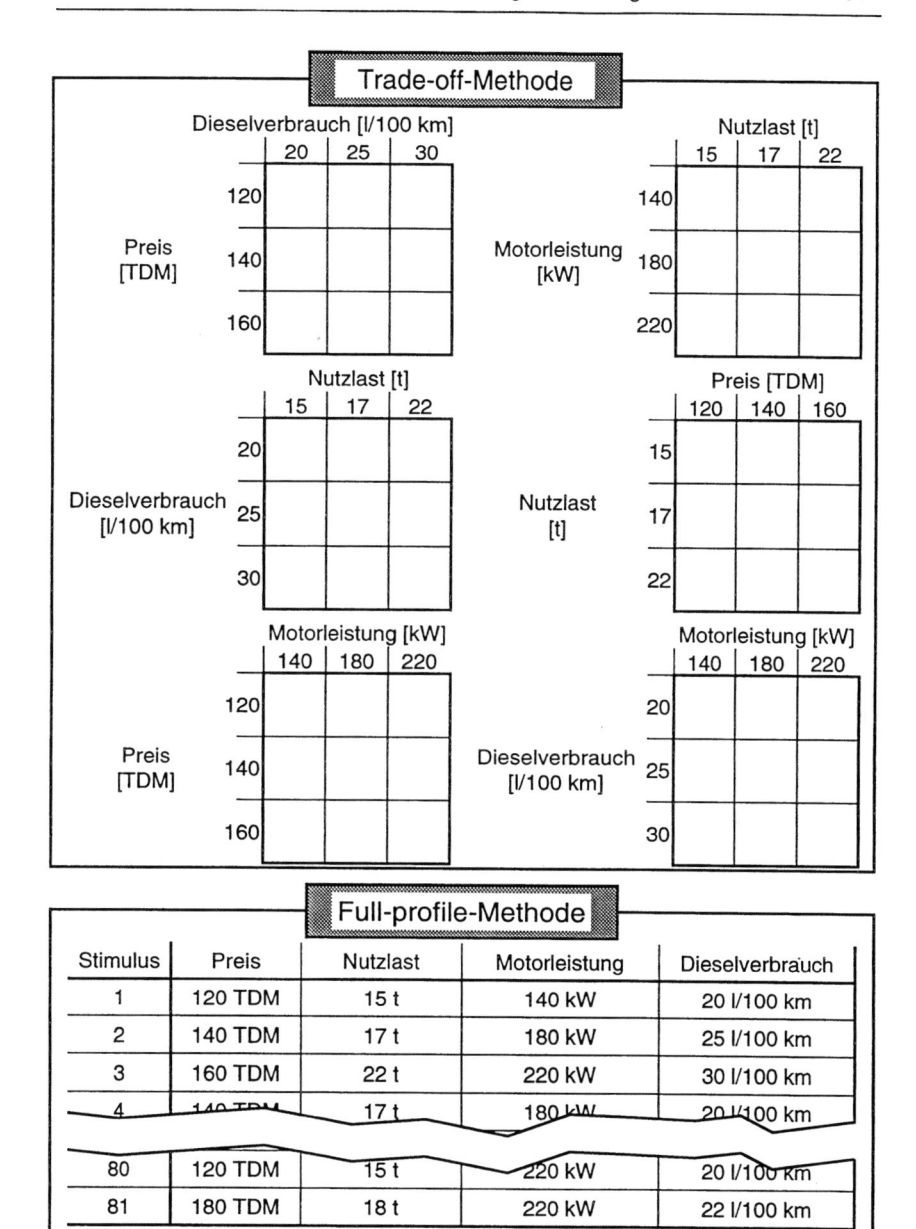

Stimulus	Preis	Nutzlast	Motorleistung	Dieselverbrauch
1	120 TDM	15 t	140 kW	20 l/100 km
2	140 TDM	17 t	180 kW	25 l/100 km
3	160 TDM	22 t	220 kW	30 l/100 km
4	140 TDM	17 t	180 kW	20 l/100 km
80	120 TDM	15 t	220 kW	20 l/100 km
81	180 TDM	18 t	220 kW	22 l/100 km

Bild 4.15: Präsentation der Stimuli nach der Trade-off- und der Full-profile-Methode

mehr Attribute verglichen werden können, aber keine vollständigen Produkte präsentiert werden.

Die teilweise extrem aufwendigen experimentellen Designs können die Testpersonen sehr schnell überfordern. Dadurch erlangen die verschiedenen teilweise interaktiven Methoden der Datenerfassung (z. B. telephone-mail-telephone-Methode) besondere Bedeutung [vgl. Green, 1990, S. 9].

4.3.3 Vorgehensweisen zur Verringerung der Anzahl fiktiver Produkte im experimentellen Design

In Kapitel 4.3.2 wurden mit der Full-profile- und der Trade-off-Methode verschiedene Formen des experimentellen Designs dargestellt. Beide Methoden sind mit dem Mangel behaftet, daß eine größere Anzahl von Attributen sowie von Ausprägungen eine erhebliche Steigerung des Bearbeitungsaufwandes für die Versuchsperson zur Folge hat. Die Auswirkungen einer Erhöhung der Anzahl der Ausprägungen je Attribut von 2 auf 3 sowie die prinzipiellen Unterschiede im Untersuchungsumfang der beiden Methoden werden in **Bild 4.16** dargestellt.

Für ein vollständiges Untersuchungsdesign (full factorial design) ist bei Anwendung der Full-profile-Methode die Anzahl der Stimuli über folgenden Ansatz zu bestimmen:

$$S_{fpm} = \prod_{j=1}^{J} M_j \qquad (3)$$

Mit J wird die Anzahl der Attribute und M_j die Anzahl der Ausprägungen je Attribut bezeichnet [vgl. Backhaus, 1994, S. 522].

Für die Trade-off-Methode gilt die Beziehung:

$$S_{tom} = \binom{J}{2} = \frac{J!}{2!\,(J-2)!} \qquad (4)$$

Durch die Verwendung der Trade-off-Methode läßt sich die Anzahl der Stimuli verringern. Diesem Vorteil steht der Nachteil gegenüber, daß keine vollständigen Produkte durch die Versuchsperson verglichen werden. Daher haben die reduzierten Designs (fractional factorial design) im Zusammenhang mit der Full-profile-Methode große Relevanz erlangt. Die in reduzierten Designs enthaltene Teilmenge von Stimuli soll das vollständige Design möglichst gut repräsentieren [vgl. ebenda, S. 506].

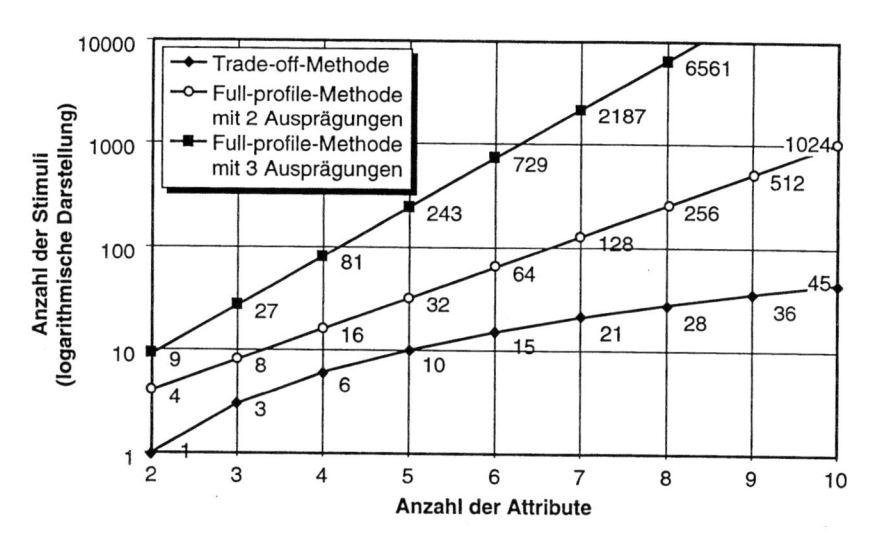

Kapitel 4   Methode zur Technologiebewertung   - 103 -

Bild 4.16: Vergleich der Full-profile- und der Trade-off-Methode

Eine Verwendung reduzierter Designs und anderer Arten von sogenannten orthogonalen Plänen schließt jedoch die Messung von Wechselwirkungen (interactions) zwischen den Attributen aus oder begrenzt sie, im Gegensatz zu den vollständigen Designs (full factorial design), welche die Berücksichtigung und Untersuchung aller Haupteffekte und Wechselwirkungen im Modell erlauben [vgl. o. V., 1992 a, S. 37]. Unter orthogonalen Plänen sind Auszüge aus vollständigen Designs zu verstehen, welche dennoch eine Bewertung der typischen Besonderheiten der Attribute erlauben [vgl. Mullet, 1986, S. 287]. Diese werden auch als Haupteffekte (main effects) bezeichnet, da die Wechselwirkungen zwischen den Attributen nicht beachtet werden [vgl. o. V., 1990, S. B-2]. Der Anteil der Gesamtvariation der abhängigen Variablen, welcher einem Faktor zuzuordnen ist, wird als Haupteffekt bezeichnet. Bei der Conjoint-Analyse ist in der Regel davon auszugehen, daß keine signifikante Wechselwirkung (interaction) der Haupteffekte mit anderen Variablen vorliegt. Wechselwirkungen müssen berücksichtigt werden, wenn die Streuung in der abhängigen Variablen nicht als Ergebnis einer einfachen Kombination von Haupteffekten erklärt werden kann. Beispielsweise sind beim Einsatz der Conjoint-Analyse zur Untersuchung von Unternehmensstrategien Wechselwirkungen zu berücksichtigen, da die Auswahl der Strategie einerseits von der jeweiligen Unternehmenssituation und andererseits von der Art der Umwelt abhängig ist. Daraus ergeben sich zwangsläufig Wechselwirkungen, die auch in der Analyse berücksichtigt werden müssen [vgl. Priem, 1992, S. 145 ff.]. Im Produktmarketing werden solche Wechselwirkungen zwischen den Attributen jedoch in der Regel vernachlässigt [vgl. ebenda, S. 144]. Daher ist die Auswahl der Attribute von besonderer Wichtigkeit, da durch eine geeignete Auswahl Wechselwirkungen verringert oder vollständig vermieden werden können.

Reduzierte Designs werden abhängig von der Anzahl der Ausprägungen je Attribut in symmetrische und asymmetrische unterschieden [vgl. Backhaus, 1994, S. 508 f.]. Die Designs, welche für alle Attribute die gleiche Anzahl an Ausprägungen aufweisen, werden als symmetrisch bezeichnet. Häufig werden orthogonale Felder zur Verkleinerung des experimentellen Designs eingesetzt. Orthogonalität liegt vor, wenn sich keine Korrelation für die Schätzung der orthogonalen Faktoren ergibt [vgl. Green, 1990, S. 6]. Das heißt, die Ausprägungen eines Faktors liegen in proportionaler Häufigkeit mit jeder Ausprägung eines anderen Faktors vor.

Orthogonalität des reduzierten Designs kann durch die geschickte Wahl der Attribute, durch Anwendung der von Addelman entwickelten Vorgehensweise oder durch die Auswahl von Stimuli mit Hilfe von Zufallsstichproben erzeugt werden [vgl. Addelman, S., 1962 b, S. 47 ff.; Green, 1990, S. 5].

Weitgehende Orthogonalität kann durch die Zusammenfassung nicht präferenzunabhängiger natürlicher Attribute zu künstlichen Attributen geschaffen werden. Wenn das nicht möglich ist, kann im Einzelfall von der Forderung nach Orthogonalität abgewichen werden. Die Stimuli des reduzierten Designs, welche hohe Abhängigkeiten aufweisen, sind dann nicht weiter zu betrachten [vgl. ebenda, S. 6].

Verbreiteter ist jedoch die Nutzung von Transformations-Atlanten nach Addelman. Diese sind mittlerweile in Software-Applikationen zur Conjoint-Analyse integriert und erleichtern die Analyse in entscheidendem Maß. Die Erzeugung orthogonaler Designs auf Basis von symmetrischen vollständigen Designs ist relativ einfach, da die Anzahl der Ausprägungen bei allen Attributen gleich ist. Die Forderung nach einer gleichmäßig proportionalen Häufigkeit der Ausprägungen im reduzierten Design ist daher ohne weiteres zu erfüllen. Für den Fall asymmetrischer Designs hat Addelman sogenannte basic plans entwickelt, mit deren Hilfe das asymmetrische Design zunächst in ein symmetrisches und dann mittels geeigneter Transformationen in ein reduziertes Design umgewandelt wird, die darüber hinaus nahezu Pareto-Optimalität aufweisen. Das heißt, kein fiktives Produkt darf ein anderes in allen Attributen dominieren. Nahezu pareto-optimale Designs werden mit Hilfe von Heuristiken aus atlaserzeugten orthogonalen Designs hergestellt [vgl. ebenda, S. 5].

Von besonderer Bedeutung ist der Produktbewertungsvorgang. Die Unterschiede zwischen den einzelnen Stimuli (Produkten) und die verschiedenen Attributausprägungen müssen klar erkennbar sein. Die Präsentation der Stimuli kann auf verschiedene Arten in Form verbaler Beschreibungen (multiple-cue stimulus card), Bildern oder dreidimensionaler Modelle sowie realer Produkte erfolgen.

Nach der Erstellung des experimentellen Designs der Conjoint-Analyse folgt die Bewertung der Stimuli. Die Bewertung der Stimuli kann durch die Anwendung von

- Rangreihungsverfahren,
- Ratingverfahren
- sowie verschiedener Variationen des paarweisen Vergleichs

erfolgen [vgl. ebenda, S. 5; Backhaus, 1994, S. 510].

Bei der sehr verbreiteten Rangreihung handelt es sich um ordinalskalierte Bewertungen der fiktiven Produkte für additive Entscheidungsmodelle. Die Rangreihung wird im Rahmen der nicht-metrischen Conjoint-Analyse verwendet und ist auf die Berücksichtigung von Haupteffekten beschränkt [vgl. Priem, 1992, S. 144.]. Bei einer großen Anzahl von Stimuli kann die Rangreihung mit *Zwischendesigns* (bridging design) erfolgen [vgl. Green, 1990, S. 9].

Im Gegensatz dazu ermöglichen Rating-Skalen die Analyse von Haupteffekten und Wechselwirkungen. Dazu muß die Testperson ihre Präferenz bezüglich bestimmter fiktiver Produkte auf einer Intervallskala ausdrücken. So sind zum Beispiel 100 Punkte über die Gesamtzahl der Stimuli zu verteilen, wobei 100 Punkte die höchste Präferenz und 0 Punkte die niedrigste ausdrücken [vgl. Backhaus, 1994, S. 444].

Paarweise Vergleiche werden in der Adaptive conjoint analysis verwendet. Um den Informationsgehalt zu erhöhen, findet der gewichtete paarweise Vergleich zunehmend Anwendung. Dadurch wird die Stärke der Präferenz bei Bevorzugung von *Stimulus* A gegenüber B deutlich [vgl. Green, 1990, S. 8].

4.3.4 Berechnungsverfahren zur Conjoint-Analyse

Das multivariate Analyseverfahren der Conjoint-Analyse basiert auf der Annahme, daß aus den empirisch ermittelten Präferenzen der Testpersonen Teilnutzwerte für die einzelnen Attribute und daraus metrische Gesamtnutzwerte sowie relative Wichtigkeiten der Attribute bestimmt werden können. Es sind zwei Gruppen von Berechnungsverfahren der Conjoint-Analyse zu unterscheiden:

- Die auf metrisch skalierten Präferenzen basierenden Verfahren der metrischen Conjoint-Analyse, wie die Regressionsanalyse mit Dummyvariablen (multiple regression) sowie die Kleinst-Quadrate-Schätzungen oder auch metrische Varianzanalyse (OLS, ordinary least squares).
- Verfahren der nicht-metrischen Conjoint-Analyse, wie der LINMAP Algorithmus, die monotone Varianzanalyse nach Kurskal (MONANOVA, monotone analysis of variance) [vgl. Kruskal, 1965, S. 251 ff.; Quinn, 1988, 45 ff.], die PREFMAP Prozedur oder Johnson's nonmetric algorithm [vgl. Green, 1990, S. 7]. Diese Verfahren finden bei ordinalskalierten Präferenzen Anwendung.

In Abhängigkeit vom Untersuchungsziel werden hauptsächlich zwei Modelle zur Charakterisierung des Zusammenhangs zwischen den Teilnutzwerten und dem Gesamtnutzwert verwendet. In der nicht-metrischen Conjoint-Analyse kommt vorwiegend das additive Modell zum Einsatz. Dabei wird unterstellt, daß sich die Teilnutzwerte eines fiktiven Produktes zu seinem Gesamtnutzwert ergänzen, und daß die Wechselwirkungen zwischen den Attributen keinen signifikanten Einfluß auf den Gesamtnutzwert haben [vgl. Priem, 1992, S. 144]. Daher können bei Anwendung des additiven Modells nur Haupteffekte untersucht werden, wie die Größengleichung für ein Modell mit drei Attributen zeigt:

$$y_k = \beta_0 + \beta_1 x_{1i} + \beta_2 x_{2i} + \beta_3 x_{3i} \qquad (5)$$

Dabei bezeichnet y_k den geschätzten Gesamtnutzwert für den Stimulus k. Wenn neben den Haupteffekten auch die Wechselwirkungen zwischen den Attributen von Interesse sind, muß das multilineare Modell (multiple linear model) verwendet werden.

$$y_k = \beta_0 + \beta_1 x_{1i} + \beta_2 x_{2i} + \beta_3 x_{3i} + \beta_4 x_{1i} x_{2i} + \beta_5 x_{1i} x_{3i} + \beta_6 x_{2i} x_{3i} + \beta_7 x_{1i} x_{2i} x_{3i} \qquad (6)$$

Durch die zusätzlichen Terme mit $\beta_4 x_{1i} x_{2i}$, $\beta_5 x_{1i} x_{3i}$ und $\beta_6 x_{2i} x_{3i}$ werden Zweifach-Wechselwirkungen (2-way-interaction) berücksichtigt. Der Term $\beta_7 x_{1i} x_{2i} x_{3i}$ dient der zusätzlichen Einbeziehung der Dreifach-Wechselwirkung (3-way-interaction) zwischen allen Attributen in die Analyse. Der steigende Berechnungsaufwand bei Verwendung des multilinearen Modells führt nicht zwangsläufig zu einer Verbesserung der Aussagefähigkeit. Daher ist vorab genau zu überlegen, ob Wechselwirkungen von Interesse für die Untersuchung sind. Die im folgenden dargestellten Vorgehensweisen zur Berechnung der Teilnutzwerte beziehen sich sowohl für die metrische als auch für die nichtmetrische Conjoint-Analyse auf das additive Modell.

Die metrische Conjoint-Analyse basiert auf der Fehlertheorie der multiplen Regression. Daher ist das Verfahren prinzipiell zur Analyse von Wechselwirkungen geeignet [vgl. Hagerty, 1985, S. 170]. Voraussetzung für die Anwendung von Lösungsverfahren der metrischen Conjoint-Analyse ist die Verwendung von Ranking-Skalen zur Abbildung der Präferenz der Testperson. Im folgenden wird der Lösungsweg an Hand der metrischen Varianzanalyse aufgezeigt.

Durch ein Design der Conjoint-Analyse, welches durch die Wahl der Intervalle für die einzelnen Ausprägungen der Attribute sowie durch das Bilden künstlicher Attribute optimiert werden kann, ist die Anwendbarkeit des linearen additiven Modells zu gewährleisten. Linearität bezieht sich in diesem Zusammenhang auf die Parameter β_{jm} (Teilnutzwert der Ausprägung m des Produktattributes j) und nicht auf die Faktoren (Attribute oder auch unabhängige Variablen) x_{jm}. Allgemein lautet das additive Modell [vgl. Backhaus, 1994, S. 511]:

$$y_k = \sum_{j=1}^{J} \sum_{m=1}^{M_j} \beta_{jm} x_{jm} \qquad (7)$$

Ziel der metrischen Varianzanalyse ist eine möglichst gute Annäherung der rechnerischen Gesamtnutzwerte y_k an die empirisch ermittelten Präferenz-Ratings p_k. Daher werden die Teilnutzwerte β_{jm} so bestimmt, daß die Differenz zwischen empirisch ermittelten und berechneten Gesamtnutzwerten minimal ist. Dieses Ziel wird mit Kleinst-Quadrate-Schätzungen für die Teilnutzwerte verfolgt [vgl. ebenda, S. 356].

$$\min_{\beta} \sum_{k=1}^{K} (p_k - y_k)^2 \qquad (8)$$

Entscheidend für die Auswahl der Conjoint-Analyse zur Produktbewertung ist die Berechnung der relativen Wichtigkeit eines Attributes w_j. Damit sind Aussagen über die Bedeutung einzelner Produktattribute möglich [vgl. Backhaus, 1994, S. 521].

$$w_j = \max_{m}(\beta_{jm}) - \min_{m}(\beta_{jm}) \qquad (9)$$

Die relative Wichtigkeit eines Attributes steigt mit der Anzahl der Ausprägungen an. Dieses empirisch zu beobachtende Phänomen gilt sowohl für Ranking- als auch für Rating-Skalen bei konstanten Minimum- und Maximumwerten.

Die Annahme metrisch skalierter Bewertungen durch die Testperson schränkt die Lösungsmöglichkeiten ein. Im Gegensatz dazu kann bei Annahme von ordinalskalierten Präferenzen (Ratings) die nicht-metrische Conjoint-Analyse unter Verwendung der monotonen Varianzanalyse (MONANOVA) nach Kruskal angewendet werden [vgl. Kruskal, 1965, S. 251 ff.; Quinn, 1988, 45 ff.]. Dabei handelt es sich um ein iteratives Verfahren. Als Startwert sollte die Lösung der metrischen Conjoint-Analyse gewählt werden, um eine Konvergenz gegen suboptimale Lösungen zu verhindern. Der

Unterschied zwischen der monotonen und der metrischen Varianzanalyse ist der Zwischenschritt der Annäherung der y_k Gesamtnutzwerte an die empirisch ermittelten p_k Rangwerte über monoton angepaßte Rangwerte z_k. In der nachfolgend aufgeführten Gleichung steht f_M für die durchzuführende monotone Transformation der z_k an die y_k [vgl. Backhaus, 1994, S. 514 ff.].

$$p_k \xrightarrow{f_m} z_k \cong y_k = \sum_{j=1}^{J} \sum_{m=1}^{M_j} \beta_{jm} x_{jm} \qquad (10)$$

Die monoton angepaßten Rangwerte z_k müssen der folgenden schwachen Monotoniebedingung genügen:

$$z_k \leq z_{k'} \text{ für } p_k \leq p_{k'}. \qquad (11)$$

Da bei der MONANOVA die Annäherung der berechneten Gesamtnutzwerte über die monoton angepaßten Rangwerte an die emprisch ermittelten Rangwerte erfolgt, werden im Zielkriterium die Abweichungen zwischen den beiden Werten minimiert:

$$\operatorname*{Min}_{f_m} \operatorname*{Min}_{\beta} L = \sqrt{\frac{\sum_{k=1}^{K}(z_k - y_k)^2}{\sum_{k=1}^{K}(y_k - \bar{y})^2}} \qquad (12)$$

Das Zielkriterium ist die Größe L, welche auch als Streß (stress) bezeichnet wird. Die Optimierung erfolgt durch eine zweifache Minimierung der dargestellten Funktion. Erstens wird hinsichtlich der Transformation f_M mit dem Gradientenverfahren und zweitens hinsichtlich der Teilnutzwerte β mit der monotonen Regression optimiert. Die optimale Lösung liegt mit L=0 vor [vgl. Mullet, 1986, S. 286; Backhaus, 1994, S. 514 ff.].

4.3.5 Aggregations- und Simulationsverfahren der Conjoint-Analyse

In den vorherigen Kapiteln wurden verschiedene Vorgehensweisen zur dekomponierenden Conjoint-Analyse beschrieben. Sämtliche Ausführungen beinhalten die Bestimmung der Präferenzen einzelner Testpersonen bezüglich fiktiver Produkte. Unter statistischen Gesichtspunkten sind jedoch die Aussagen von Personengruppen bezüglich des Produktwertes von größerem Interesse als die von Einzelpersonen. Außerdem wird mit der Aggregation von Individualergebnissen die Verbesserung der Aussagegenauigkeit der Conjoint-Analyse verfolgt. Prinzipiell stehen dazu folgende Vorgehensweisen zur Auswahl [vgl. ebenda S. 362.]:

- Conjoint-Analyse für Einzelpersonen und anschließende Aggregation der Teilnutzwerte
- Conjoint-Analyse für Personengruppen mit aggregierten Teilnutzwerten als Ergebnis.

Um die erste der beiden Vorgehensweisen anwenden zu können, müssen die Teilnutzwerte, welche für jede Person im Rahmen der Conjoint-Analyse ermittelt wurden, normiert werden. Danach erfolgt die Aggregation der einzelnen Teilnutzwerte durch Mittelwertbildung. Dabei kommen spezielle Methoden wie die Cluster-Analyse zum Einsatz, die eine Verbesserung der Genauigkeit bewirken [vgl. Hagerty, 1985, S. 168 ff.]. Bei Anwendung der zweiten Vorgehensweise, der Conjoint-Analyse über die Gesamtzahl der Testpersonen, werden die verschiedenen Testpersonen als Wiederholungen der Untersuchung aufgefaßt.

Zur Bestimmung des Produktwertes von Investitionsgütern stehen in der Regel jedoch weniger Auskunftspersonen zur Verfügung als bei Konsumgütern (vgl. Bild 2.3). Dennoch ist die Aggregation sinnvoll, um einerseits die Ergebnisse zu verdichten und eine höhere statistische Sicherheit für die Produktbewertung zu erzielen und um andererseits im Anschluß an die Conjoint-Analyse Simulationen durchführen zu können. Mit Hilfe der Simulation kann der Wahlakt beim Kaufentscheid untersucht werden. Auf diese Weise kann ein Maßstab für die Wahrscheinlichkeit des Kaufes eines bestimmten Produktes ermittelt werden. Zur Bestimmung dieser Wahrscheinlichkeit stehen verschiedene Modelle und Maßstäbe zur Verfügung [vgl. o. V., 1990, S. B-18 ff.; Hagerty, 1985, S. 169]:

- Maximum Utility
- LOGIT
- PROBIT
- BTL

Das Maximum Utility Modell gibt die Wahrscheinlichkeit an, mit der eine Person ein Produkt allen anderen vorziehen und erwerben würde. Die Wahrscheinlichkeit ist aus dem Verhältnis der Anzahl der beteiligten Personen und der Anzahl der Fälle zu berechnen, in denen das simulierte Produkt den höchsten Gesamtnutzwert für diesen Personenkreis aufweist [vgl. o. V., 1990, S. B-19 f.].

Bei Anwendung der LOGIT Methode wird der natürliche Logarithmus des Gesamtnutzens des simulierten Produktes durch die Summe der natürlichen Logarithmen der Gesamtnutzen aller anderen Produkte, welche zuvor durch die Person bewertet wurden, dividiert. Die statistische Wahrscheinlichkeit ergibt sich als Durchschnitt der Einzelwahrscheinlichkeiten für jede Person. Sofern sich für das simulierte Produkt bei der Bewertung durch eine Person ein negativer Gesamtnutzen oder ein Null-Gesamtnutzen ergibt, wird diese Bewertung nicht in die aggregierte Simulation einbezogen. Der Unterschied zwischen der PROBIT Simulationsmethode und dem LOGIT Verfahren besteht in einer unterschiedlichen Transformation der Wahrscheinlichkeiten [vgl. o. V., 1992 b, S. 233 ff.]. Das BTL (Bradley-Terry-Luce) Modell ähnelt dem LOGIT Modell. Die Berechnung der Wahrscheinlichkeiten erfolgt jedoch nicht über den natürlichen Logarithmus.

Auf die Simulationsverfahren als Erweiterung der Conjoint-Analyse wird im Rahmen dieser Arbeit nicht weiter eingegangen, da die Bestimmung des Produktwertes mit der Conjoint-Analyse durchgeführt wird, und eine Erweiterung durch die Simulation für diesen Zweck nicht notwendig ist.

4.4 Bewertung der Einsatzmöglichkeiten innovativer Technologien vor dem Hintergrund erreichbarer Produkteigenschaften

Bisher wurde die Methode dahingehend spezifiziert, einerseits den Einfluß der Technologie auf das Produkt abzubilden und andererseits mit der Conjoint-Analyse ein Verfahren darzustellen, welches die Bewertung geänderter Produktattributausprägungen durch die Reflektion an den Präferenzen potentieller Anwender erlaubt. Nachfolgend wird ein Bewertungsansatz zur Beurteilung der TPK abgeleitet.

Die Bewertung erfolgt grundsätzlich auf den Ebenen der differenzierten und der integrierten Bewertung (vgl. **Bild 4.17**). Im Rahmen der differenzierten Bewertung erfolgt einerseits die Beurteilung des Ressourceneinsatzes und andererseits die statistische Prognose zukünftiger Produkterlöse aufgrund des Profils der Produktattribute.

Die Ergebnisse dieser Bewertung bestehen hinsichtlich der prozessualen Größen in Aussagen über die Ressourcenbedarfsprofile, die gegebenenfalls einer monetären Untersuchung unterzogen werden können. Dazu kann zur auszahlungsorientierten Bewertung auf die bekannten Methoden zur dynamischen Investitionsrechnung oder bei kostenorientierter Betrachtung auf die ressourcenorientierte Prozeßkostenrechnung zurückgegriffen werden, die bereits grundsätzlich dargestellt wurde.

Die ergebnisorientierten Größen sind auf die quantifizierte Abschätzung des spezifischen Produktnutzens ausgerichtet und erlauben die Relativierung gegenüber alternativen Produkten. Diese Abschätzung erfolgt über die Ansätze zur Conjoint-Analyse, mit der durch Anwendung der Varianzanalyse Teilnutzwerte der einzelnen Attributausprägungen berechnet werden (vgl. die Ausführungen zur Conjoint-Analyse).

Kapitel 4 Methode zur Technologiebewertung — 111 —

	Prozessuale Betrachtung	Ergebnisorientierte Betrachtung
Differenziertes Ergebnis	Bewertung des Ressourceneinsatzes	Abschätzung qualitativer Produktausprägungen
Aussagen	• Ressourcenbedarfsprofile • monetär bewerteter Ressourcenbedarf	• Produktcharakteristik • Abschätzung des Produktnutzens
Integriertes Ergebnis	Absolute Aussagen • Wirtschaftlichkeit = $\dfrac{\text{Erlöse}}{\text{Aufwand}}$ Relative Aussagen • Ressourcenintensität = $\dfrac{\text{Serviceeinheit}}{\text{Ressourceneinheit}}$	
Interpretation	• Grundsätzliche monetäre Bewertung • Dimensionsspezifische Beurteilung	

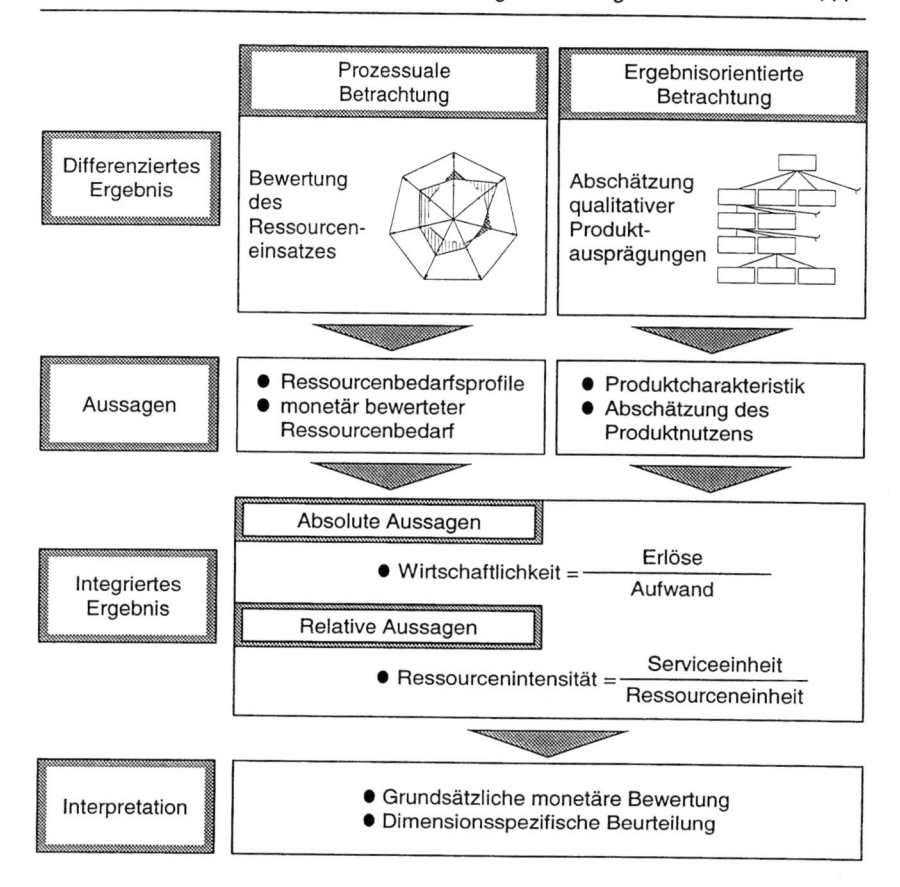

Bild 4.17: Bewertung der Technologie-Produkt-Kombination

Die integrierte Bewertung basiert auf diesen Ergebnissen. Durch die Betrachtung der Wirtschaftlichkeit, d. h. des Quotienten aus den abgeschätzten Erlösen und Aufwänden kann die absolute Vorteilhaftigkeit bestimmt werden.

Zur Beurteilung einer Technologie im Vergleich zu einer anderen werden Ressourcenintensitäten I_R als Quotienten aus dem Produkt und den eingesetzten Ressourcen definiert. Sowohl die Ressourcen als auch das Produkt werden über skalare physikalische Größen beschrieben. So weisen z. B. das Laser- und das WIG-Schweißen von Rohren erhebliche Unterschiede auf. Die Energieintensität des Laserstrahlschweißens I_{ELBW} bezogen auf die geschweißte Rohrlänge ist erheblich geringer als I_{EWIG}. Umgekehrt verhalten sich die Kennwerte für die Materialintensität I_M, da die Prozeßsicherheit bei dem Laserstrahlschweißen höher und demzufolge der Materialausschuß deutlich reduziert ist.

Die Bewertung dieses multidimensionalen Entscheidungsproblems wird unter Berücksichtigung des unternehmensspezifischen Ressourcenprofils vorgenommen, durch das sowohl freie als auch knappe Ressourcen abgebildet werden.

Mit den vorgestellten Bewertungsansätzen ist die Methode zur Bewertung der Einsatzmöglichkeiten innovativer Technologien vollständig. Durch die vorgestellte Form der Bewertung ist sowohl die Eignung der Technologie bezogen auf eine konkrete Anwendung operationalisierbar als auch die Überprüfung grundsätzlicher Voraussetzungen hinsichtlich der Verfügbarkeit der erforderlichen Ressourcen. Nach einem Fazit wird die Methodik im Rahmen einer Anwendung verifiziert.

4.5 Fazit: Detailkonzept

Aufbauend auf dem in Kapitel 3 entwickelten Konzept wurde die Methodik detailliert. Zunächst wurde der Einfluß der Technologie prozessual und ergebnisorientiert betrachtet. Zur Abbildung der Prozeßeingangsgrößen wurde mit dem Ressourcenallokationsmodell ein Konzept entwickelt, welches die Überprüfung der ausreichenden Verfügbarkeit notwendiger Ressourcen sicherstellt. Dazu wurde mit der Gegenüberstellung des technologie- und dem unternehmensspezifischen Ressourcenprofil eine Vorgehensweise entwickelt, die qualitativ eine grundsätzliche Bewertung der Machbarkeit der Technologie im Unternehmen zuläßt. Die Ressourcen werden an Hand physikalischer Größen und nicht monetär bewertet. Einerseits wird damit eine Überbetonung der Ressource Finanzen vermieden und andererseits sind fehlende Ressourcen nicht zwingend käuflich erwerblich, so daß eine monetäre Bewertung nicht zur Beschreibung evtl. bestehender Engpaßsituationen geeignet ist.

Nach dieser prozessual orientierten Betrachtung wurde der Technologieeinfluß ergebnisbezogen auf die Ausprägungen der Attribute abgebildet. Ausgehend von einer Funktionsanalyse wurden die das Produkt charakterisierenden Attribute unter Berücksichtigung der Anwendung abgeleitet. Dazu wurden ausgehend von technologiespezifischen Stärken- und Schächenprofilen die Veränderungen im Variationsprofil der Attributausprägungen bestimmt.

Zur Abbildung unterschiedlicher Einflüsse der Technologie auf ungleich bedeutsame Produktattribute wurde mit dem Quadrantenmodell der Technologie-Produkt-Kombinationen (TPK) ein Hilfsmittel bereitgestellt, welches die Klassifizierung der Technologie-Produktkombination erlaubt.

Durch eine systematische Variation der Produktanwendung wurden weitere Einsatzmöglichkeiten des Produkteinsatzes abgeleitet. Dieses ist dann von Bedeutung, wenn für die Referenzanwendung qualitativ gesteigerte Attributausprägungen bedeutungslos sind.

Die geänderten Produktattribute wurden anschließend hinsichtlich der Präferenzstruktur potentieller Anwender bewertet. Dazu wurden die Verfahren der dekomponierenden Conjoint-Analyse in die Methode integriert. Mit dem Full-profile-Ansatz im reduzierten Design wurde eine Methode identifiziert, die die Bewertung der Anwenderpräferenzen vor dem Hintergrund variierter Produktattributausprägungen unterstützt.

Durch die Ergänzung der Methodik um die Ansätze zur differenzierten und integrierten Bewertung wurde die Methodik in den Gesamtzusammenhang der Technologiebewertung eingeordnet.

5. Fallbeispiel

5.1 Analyse der Einsatzmöglichkeiten

Im folgenden Kapitel werden die wesentlichen Elemente der entwickelten Methode an Hand eines Fallbeispiels illustriert und grundsätzlich verifiziert. Dazu wird die Technologie des Laserstrahlschweißens am konkreten Produkt längsnahtgeschweißter austenitischer Edelstahlrohre (**Bild 5.1**) auf die technologiespezifische Eignung unter Berücksichtigung der Präferenzen möglicher Anwender untersucht. Die Rohre werden gemäß DIN 2463 spezifiziert und hinsichtlich ihrer qualitativen Ausprägungen in DIN 17457 klassifiziert. Die konventionelle alternative Technologie besteht im Wolfram-Inert-Gas-Schweißen (WIG-Schweißen). Das Laserstrahlschweißen bietet gegenüber dem WIG-Schweißen ein Reihe grundsätzlicher Vorteile (vgl. z. B. Uhlig, 1992, S. 60 ff.), die nachfolgend explizit dargestellt werden.

Da zum Laserstrahlschweißen im Vergleich zum WIG-Schweißen ausgabenintensive Investitionen erforderlich sind und auch während des Betriebes kaum Kostenvorteile bestehen, treffen für dieses Fallbeispiel die in Bild 2.9 dargestellten Restriktionen zu. Über den Technologieeinsatz ist kein Kostenvorteil abbildbar, aber die Ausprägungen der Produktattribute werden qualitativ verbessert.

Nachfolgend ist also die Frage zu klären, inwieweit durch den Laserprozeß Attribute verändert werden, für die ein potentieller Kunde einen erhöhten Preis zu zahlen bereit ist. Dieses ist die Voraussetzung, um den teureren Prozeß des Laserstrahlschweißens zu rechtfertigen.

An Hand des betrachteten Produktes wird also zunächst ein Suchfeld abgeleitet, um die Randbedingungen zur Ableitung neuer Produktanwendungen festzustellen. Ausgehend von einer Referenzanwendung werden anschließend mögliche Produktanwendungen und ihre Einsatzbedingungen ermittelt. Der nächste Schritt besteht in der Strukturierung der ermittelten Anwendungen, durch die eine vereinfachte Ableitung von Einsatzparametern vorgenommen wird. Nach der Ableitung der Einsatzparameter werden die Produktattribute bestimmt. Eine vergleichende Betrachtung der Technologien ermöglicht eine qualitative Bewertung der Veränderung der Produktattribute. In einer Matrix wird anschließend die Relation zwischen Produktattributen und Einsatzparametern ermittelt. Aufgrund dieser Relationen und der Feststellung der qualitativen Änderung der Produktattribute ist es darauf aufbauend möglich, neue Anwendungen für das modifizierte Produkt zu ermitteln.

Kapitel 5   Fallbeispiel   - 115 -

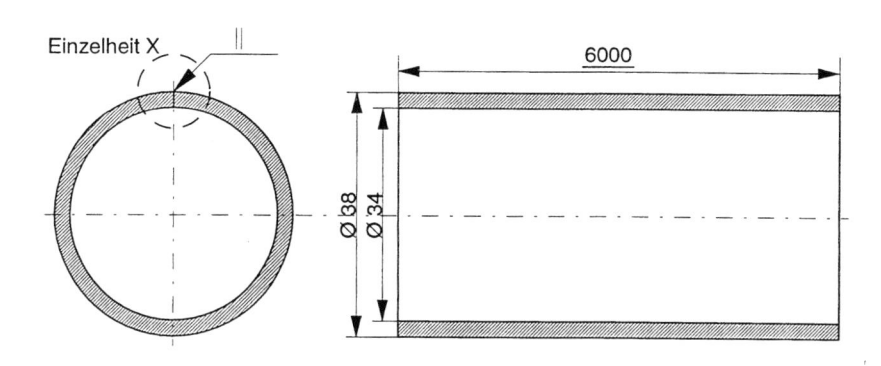

Einzelheit X für verschiedene Schweißverfahren

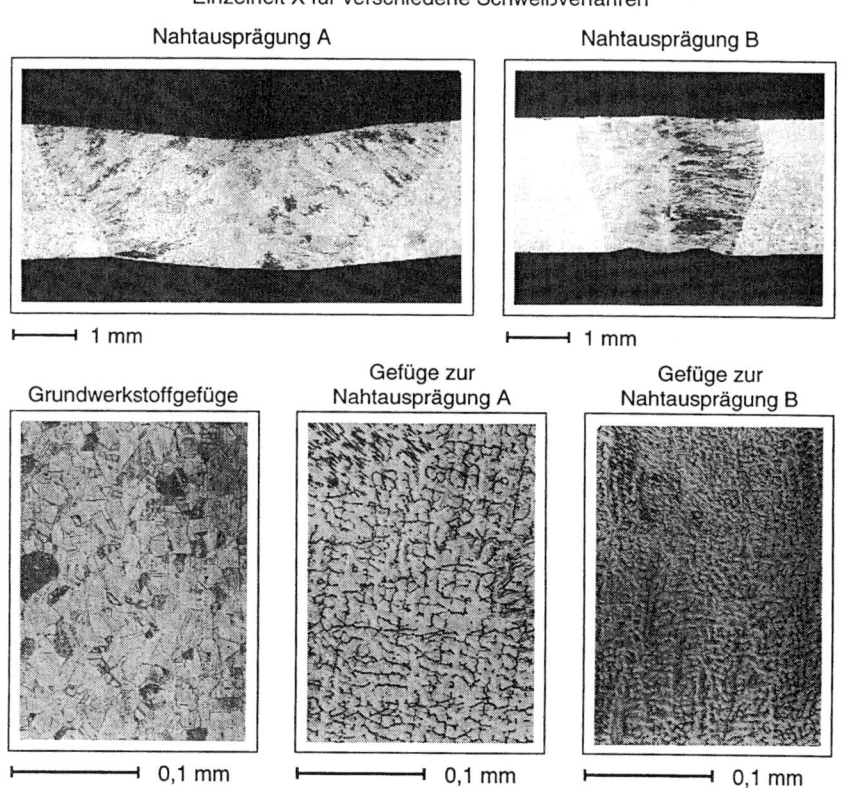

Bild 5.1: Charakterisierung des betrachteten Produktes

Die Abgrenzung des Suchfeldes bezieht sich auf eine Beschreibung des Referenzproduktes. Es handelt sich hierbei um ein WIG-längsgeschweißtes Edelstahlrohr. Das

Hauptanwendungsgebiet des herkömmlichen Produktes sind Abgasrohre. Diese Anwendung ist nicht unproblematisch, da die geschweißten Rohre teilweise gebogen werden müssen. Um ein Aufplatzen der Rohre zu verhindern, muß die Schweißnaht beim Biegen in die neutrale Faser gelegt werden. Dieses bedeutet einen zusätzlichen Aufwand beim Einformen der Rohre. Mit Hilfe des Laserstrahlschweißens ist insbesondere dieser Formprozesses zu vereinfachen, da durch die geringere Wärmeeinflußzone gegenüber WIG-geschweißten Rohren eine geringere Nahtversprödung und somit eine bessere Biegbarkeit der Rohre erreicht wird.

Diese Wertsteigerung betrifft die Eigenschaften der hergestellten Rohre, also die Produktattribute direkt. Indirekt sind die Produktanwendungen betroffen, da durch ein Produkt mit verbesserten Eigenschaften neue Anwendungsmöglichkeiten zu erwarten sind. Somit ist es das Ziel der Untersuchung, die Wertsteigerung des Produktes am Markt zu verifizieren. Durch die Produkteinsatzanalyse werden tendenziell mögliche, neue Anwendungen aufgezeigt, deren Anforderungen nur mit einem höherwertigen Produkt befriedigt werden können, so daß der Technologiewechsel gerechtfertigt werden kann.

Bei den Rohren handelt es sich um ein weitverbreitetes, ausgereiftes Produkt, das besonderen Bestimmungen unterliegt, die in Normen festgelegt sind. Um die Produktmodifikation auf dem Markt durchzusetzen, ist ein Vergleich zu Rohren, die in diesen Normen beschrieben sind, durchzuführen.

Der erste Schritt ist die Abgrenzung eines Suchfeldes durch die Betrachtung der Hauptfunktion des Produktes. Dabei wird von einer unveränderten Hauptfunktion ausgegangen. Die Hauptfunktion von Rohren ist das Leiten von Stoffen.

Für die weitere Suchfeldabgrenzung werden Stoffe betrachtet, die in Rohren geleitet werden können. Die Stoffe lassen sich nach ihrer Beschaffenheit in flüssige, dampf- und gasförmige, pastöse, feste und gemischte Stoffe klassifizieren. Nachfolgend werden exemplarisch flüssige, dampf- und gasförmige Stoffe betrachtet.

Eine Abgrenzung hinsichtlich verschiedener Marktsegmente wird vor dem Hintergrund bestehender Randbedingungen wie z. B. einer bestehenden Vertriebsstruktur vorgenommen. An dieser Stelle werden Industrie- und Kraftwerksbetriebe exemplarisch untersucht. Hinsichtlich der Kraftwerksbetriebe findet eine Beschränkung auf konventionelle Betriebe statt.

Der nächste Schritt besteht in der funktionsorientierten Ermittlung von Anwendungen. Auf die in Kapitel 4 ausführlich dargestellte Vorgehensweise wird an dieser Stelle nicht mehr näher eingegangen. Die einzelnen Anwendungen sind im Anhang B (Bild B 1 ff.) abgebildet. Aus den aufgezeigten Anwendungen werden die relevanten Parameter bestimmt. Von den aufgeführten Anwendungen werden Produkteinsatzparameter abgeleitet und in einer Liste aufgeführt (Anhang B, Bild B 2).

Ausgehend von den technologiespezifischen Vor- und Nachteilen (Anhang B, Bild 3 und Bild 4) kann der Technologieeinfluß auf die Produktattribute abgebildet werden (Anhang B, Bild 5). Durch die Betrachtung der grundsätzlichen Anwendungen und der technologiespezifischen Attributausprägungen werden Rohre für verfahrenstechnische Anwendungen als zusätzliche Anwendung bestimmt. Der Unterschied dieser Rohre bezogen auf die Referenzanwendung Abgasrohr ist in erhöhten qualitativen Anforderungen bezüglich der Verbindung zu sehen.

Nachfolgend werden Rohranwendungen hinsichtlich ihrer technologieabhängigen Ausprägungen einer Präferenzanalyse unterzogen.

5.2 Bewertung verschiedener Anwendungen

Nach der theoretischen Analyse beeinflußter Attribute wurden diese mit Experten diskutiert, um die für eine spätere Conjoint-Analyse erforderlichen Attribute auf eine handhabbare und die Produkte charakterisierende Auswahl zu beschränken [vgl. Green, 1990, S. 8]. Die Attribute und die relevanten Ausprägungen sind im **Bild 5.2** genannt.

Entscheidend für die Güte der Verbindung ist deren Ausprägung. An Hand der Nahtausprägung ist die Wärmeeinbringung in das Gefüge ersichtlich. Dadurch sind zu-

Attribut	Attributausprägung		
Nahtausprägung	nahtlos	Naht A	Naht B
Wärmebehandlung	geglüht		nicht geglüht
Porenausprägung	wenig	vereinzelt	keine
Prüfstatus gemäß DIN 17457/17458	ungeprüft	Prüfumfang 1	Prüfumfang 2
Preis	11,50 DM	18 DM	24 DM

Bild 5.2: Produktattribute und mögliche Ausprägungen

sammen mit den in Bild 5.1 dargestellten Schliffen Rückschlüsse auf die Veränderungen mechanischer und chemischer Eigenschaften möglich. Das Attribut Nahtausprägung hat drei Ausprägungen. Es handelt sich um Laser- und WIG-Naht sowie den nahtlosen Fall, der durch das Gefüge des Grundwerkstoffes charakterisiert ist. Der austenitische Grundwerkstoff ist durch die Werkstoff-Nr. 1.4301 (X 5 CrNi 18 9) gekennzeichnet. Die Ausprägungen sind im Bild und der folgenden Befragung verfahrensunabhängig bezeichnet, um Assoziationen auszuschließen, die das Ergebnis verfälschen.

Die Wärmebehandlung des Gefüges nach dem Schweißen ist zur Auflösung möglicher Ausscheidungen an Korngrenzen von Bedeutung. Diese wirken sich auf das Korrosionsverhalten aus, wenn es durch die Bildung von Chromkarbiden zur Chromverarmung im Gefüge kommt. Darüber hinaus werden die mechanischen Eigenschaften durch die Wärmebehandlung verbessert. Für den Werkstoff 1.4301 konnte jedoch in der Laserschweißnaht gegenüber dem Grundwerkstoff keine erhöhte Neigung zur interkristallinen Korrosion festgestellt werden [Uhlig, 1992, S. 65].

Durch Schweißfehler, die beispielsweise in Form von Poren auftreten, werden ebenfalls die mechanischen Eigenschaften beeinträchtigt. Dabei steigt das Risiko der Porenbildung mit der Blechdicke. Poren gelten als typischer verfahrensbedingter Fehler beim Schweißen. Daher wird das Attribut der Poren als Proxiattribut für die Prozeßsicherheit verwendet.

Für besondere Anwendungen werden Edelstahlrohre in geprüfter Ausführung nach DIN 17457 und DIN 17458 eingesetzt. Dementsprechend sind in den DIN-Normen zwei Prüfumfänge vorgesehen, die sich durch die Art der geforderten Prüfungen unterscheiden. Eine Wärmebehandlung ist bei der Festlegung des Prüfmaßstabes berücksichtigt. Die abgebildeten Preise entsprechen marktüblichen Preisen für Rohre der dargestellten Spezifikation in geschweißter und nahtloser Ausführung.

Zur Durchführung der Conjoint-Analyse sind Annahmen zur funktionalen Abhängigkeit der Präferenz des Anwenders von der Attributausprägung erforderlich (vgl. Bild 4.14). Funktionale Abhängigkeiten werden bei den Attributen Poren und Preis angenommen. In beiden Fällen wird von einem linear Model ausgegangen, bei dem mit sinkender Porenzahl die Präferenz steigt, während sie bei steigendem Preis sinkt. Die Attribute Nahtausprägung, Wärmebehandlung und Prüfstatus werden dem discrete Model zugeordnet.

Die Conjoint-Analyse wird nach der Full-profile-Methode durchgeführt, weil dadurch der Vergleich kompletter Stimuli möglich ist. Dieses führt bei einem vollständigen

Kapitel 5　　　　　　　　　　　Fallbeispiel　　　　　　　　　　　- 119 -

	geomet	ausfuehr	poren	pruefung	preis	status_	card_
1	3,00	2,00	3,00	1,00	3,00	0	1
2	2,00	1,00	2,00	1,00	2,00	0	2
3	1,00	2,00	3,00	3,00	2,00	0	3
4	2,00	2,00	1,00	2,00	3,00	0	4
5	1,00	2,00	1,00	1,00	2,00	0	5
6	1,00	1,00	1,00	1,00	3,00	0	6
7	2,00	2,00	1,00	3,00	1,00	0	7
8	1,00	1,00	2,00	3,00	3,00	0	8
9	3,00	2,00	2,00	1,00	1,00	0	9
10	3,00	1,00	1,00	2,00	2,00	0	10
11	1,00	1,00	1,00	1,00	1,00	0	11
12	2,00	1,00	3,00	1,00	1,00	0	12
13	1,00	2,00	1,00	1,00	1,00	0	13
14	3,00	1,00	1,00	3,00	1,00	0	14
15	1,00	2,00	2,00	2,00	1,00	0	15
16	1,00	1,00	3,00	2,00	1,00	0	16

Bild 5.3: Darstellung des Orthoplans

Design entsprechend der Formel (3) (vgl. S. 102) für diesen Fall zu 162 Stimuli. Da eine sinnvolle Bewertung bei dieser großen Anzahl ausgeschlossen ist, wird mit Hilfe des Verfahrens Orthoplan ein reduziertes Design bestimmt. Die Berechnung basiert auf der von Addelman entwickelten Vorgehensweise zur Reduzierung experimenteller asymmetrischer Designs [vgl. Addelman, 1962 a, S. 21 ff.]. Die Berechnungen wurden mit dem Softwaremodul SPSS Categories durchgeführt. Der generierte Orthoplan ist in **Bild 5.3** abgebildet. Die im Plan dargestellten Nummern sind auf die Attributausprägungen entsprechend Bild 5.2 bezogen.

Durch dieses Verfahren kann die Anzahl zu bewertender Stimuli von 162 auf 16 reduziert werden. Diese Stimuli wurden in Stimuluspräsentationsbögen aufbereitet und im Rahmen einer Umfrage in eine Rangreihe gebracht. Ein Beispiel für einen derartigen Bogen ist in **Bild 5.4** dargestellt. Die weiteren Bögen sind im Anhang C aufgeführt.

Bei der Auswertung der Umfrageergebnisse wurden unterschiedliche Anwendungsbereiche des Produktes berücksichtigt und die Rangreihen entsprechend zwei verschiedener Nachfragersegmente mit unterschiedlichem Anspruchsprofil an das Produkt getrennt. Einerseits finden die Produkte als Abgasrohre, z. B. in PKW-Abgas-

Bewertung unterschiedlicher Kombinationen von Attributsausprägungen für Rohranwendungen	Stimulus 1

Attribute	Ausprägungen	☒ vorhanden ☐ nicht vorhanden		
Nahtausprägung*	nahtlos ☐	Naht A ☐	Naht B ☒	
Wärmebehandlung	geglüht ☐	nicht geglüht ☒		
Porenausprägung	wenig ☐	vereinzelt ☐	keine ☒	
Prüfstatus gemäß DIN 17457/17458	ungeprüft ☒	PU 1 ☐	PU 2 ☐	
Preis	11,50 DM ☐	18,- DM ☐	24,- DM ☒	

Legende: PU   Prüfungsumfang
*   Nahtausprägung gem. Rohrspezifikation

Bild 5.4: Stimuluspräsentationsbogen

Anlagen, Verwendung. Andererseits werden sie in verfahrenstechnischen Anlagen eingesetzt. Dieses ist mit gesteigerten technischen Anforderungen verbunden, so daß unterschiedliche Präferenzstrukturen zwischen diesen beiden Nachfragersegmenten vermutet wurden. Die Ergebnisse der Befragung sind in **Bild 5.5** dokumentiert.

Auf der Grundlage dieser Daten kann die Conjoint-Analyse durchgeführt werden. Als Ergebnis werden die relativen Wichtigkeiten der Attribute, die berechneten Teilnutz-

Abgasrohr					
	Rangfolge				
	1	2	3	4	5
1	16	16	16	15	16
2	14	12	15	3	14
3	15	14	14	8	15
4	11	11	7	14	12
5	13	15	12	7	7
6	7	9	9	10	11
7	12	13	11	4	9
8	9	7	13	16	13
9	3	2	3	12	3
10	5	10	10	9	10
11	10	3	2	2	2
12	2	5	5	1	5
13	8	8	8	11	8
14	6	6	4	13	6
15	4	1	1	5	4
16	1	4	6	6	1

(Stimuli)

Rohr für verfahrenstechnische Anwendungen					
	Rangfolge				
	1	2	3	4	5
1	8	8	8	3	3
2	3	14	3	16	8
3	14	10	14	12	15
4	7	3	7	1	14
5	15	7	15	8	10
6	10	15	10	15	7
7	4	4	4	9	4
8	16	16	16	2	16
9	11	12	13	14	12
10	6	2	12	10	11
11	13	11	9	11	6
12	5	6	5	6	1
13	12	9	11	13	2
14	2	1	2	5	9
15	9	13	1	7	13
16	1	5	6	4	5

(Stimuli)

Bild 5.5: Empirische Rangreihe der Stimuli

werte, die Standardabweichung sowie Aussagen über die statistische Verläßlichkeit der durchgeführten Untersuchung bestimmt. Die Ergebnisse der Conjoint-Analyse sind im **Bild 5.6** für die Abgasrohre in aggregierter Form für alle Befragten dargestellt.

Die Ergebnisse der Individualanalysen sind im Anhang D festgehalten. Grundsätzlich werden die Annahmen des linearen Modells für Poren und Preis bestätigt. Die Qualität der Analyse wird durch die Standardabweichung und den Korrelationskoeffizienten nach Kendall abgebildet. Der Korrelationskoeffizient nach Pearson setzt metrische Rangdaten voraus und ist daher für dieses Fallbeispiel ohne Bedeutung.

Im einzelnen wird deutlich, daß das Attribut mit der höchsten relativen Wichtigkeit mit deutlichem Abstand der Preis ist. Dieses Ergebnis wird bei allen Befragten festgestellt und durch die Praxis bestätigt. Abgasrohre sind ein Massenprodukt, bei dem die Kaufentscheidung primär monetär determiniert wird. Durch den hohen negativen Teilnutzen für den Preis von 24 DM wird deutlich, daß in diesem Fall kaum Absatzchancen auf dem Markt zu erwarten sind.

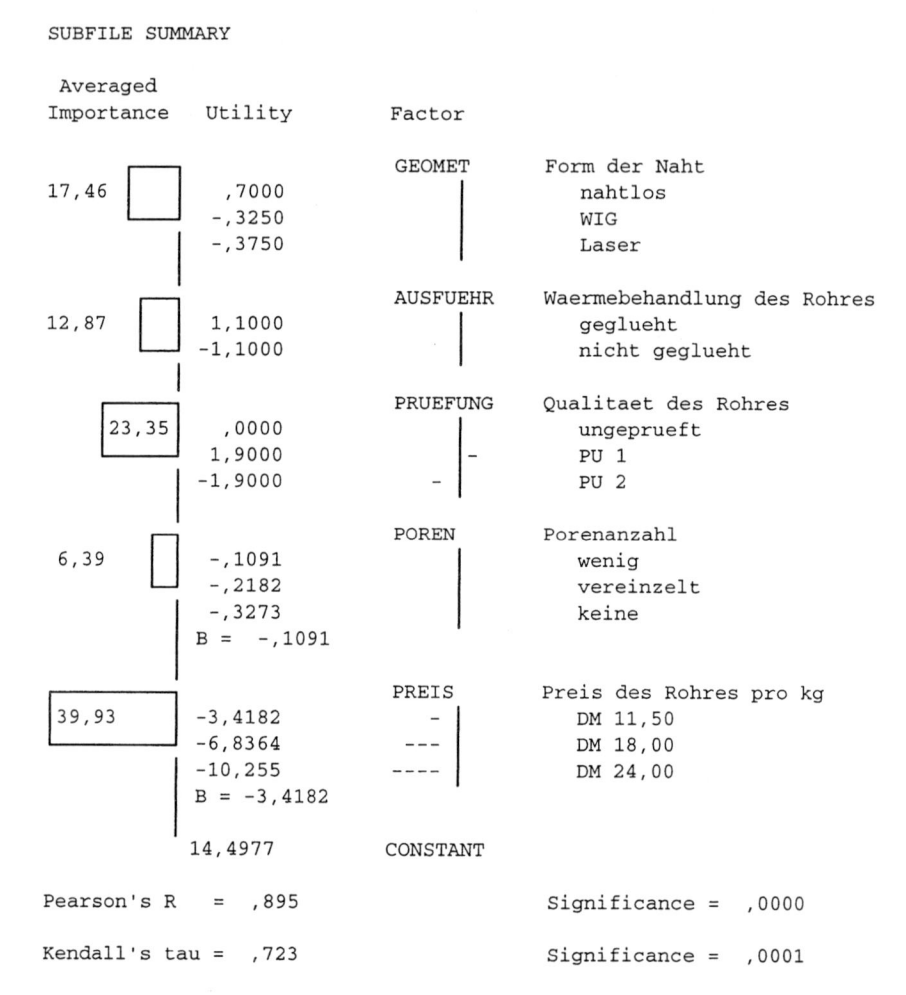

```
SUBFILE SUMMARY

Averaged
Importance    Utility             Factor

                                  GEOMET      Form der Naht
17,46         ┌──┐   ,7000                    nahtlos
              └──┘  -,3250                    WIG
                    -,3750                    Laser

                                  AUSFUEHR    Waermebehandlung des Rohres
12,87         ┌──┐  1,1000                    geglueht
              └──┘ -1,1000                    nicht geglueht

                                  PRUEFUNG    Qualitaet des Rohres
23,35         ┌──┐   ,0000                    ungeprueft
              └──┘  1,9000         -          PU 1
                   -1,9000         -          PU 2

                                  POREN       Porenanzahl
6,39          ┌──┐  -,1091                    wenig
              └──┘  -,2182                    vereinzelt
                    -,3273                    keine
              B =   -,1091

                                  PREIS       Preis des Rohres pro kg
39,93         ┌──┐  -3,4182        -          DM 11,50
              └──┘  -6,8364       ---         DM 18,00
                   -10,255        ----        DM 24,00
              B = -3,4182

                    14,4977       CONSTANT

Pearson's R   =   ,895            Significance =   ,0000

Kendall's tau =   ,723            Significance =   ,0001
```

Bild 5.6: Conjoint-Analyse für Abgasrohranwendungen

Für das Attribut der Qualität des Rohres, die durch eine Prüfung nachgewiesen ist, wird die relative Wichtigkeit von 23,35 ausgewiesen. Es fällt auf, daß sich der Teilnutzen der Attributausprägungen der beiden Prüfumfänge durch das Vorzeichen unterscheidet. Der Grund kann darin liegen, daß den umfangreicheren Tests, die dem Prüfumfang 2 zugrunde liegen, keine Bedeutung beigemessen wird.

Hinsichtlich der Geometrie wird das nahtlose Rohr mit dem höchsten Teilnutzen bewertet, zwischen den verschiedenen Verfahren wird kaum differenziert. An dieser Stelle wird bereits deutlich, daß für die Anwendung im Abgasrohrbereich keine Mög-

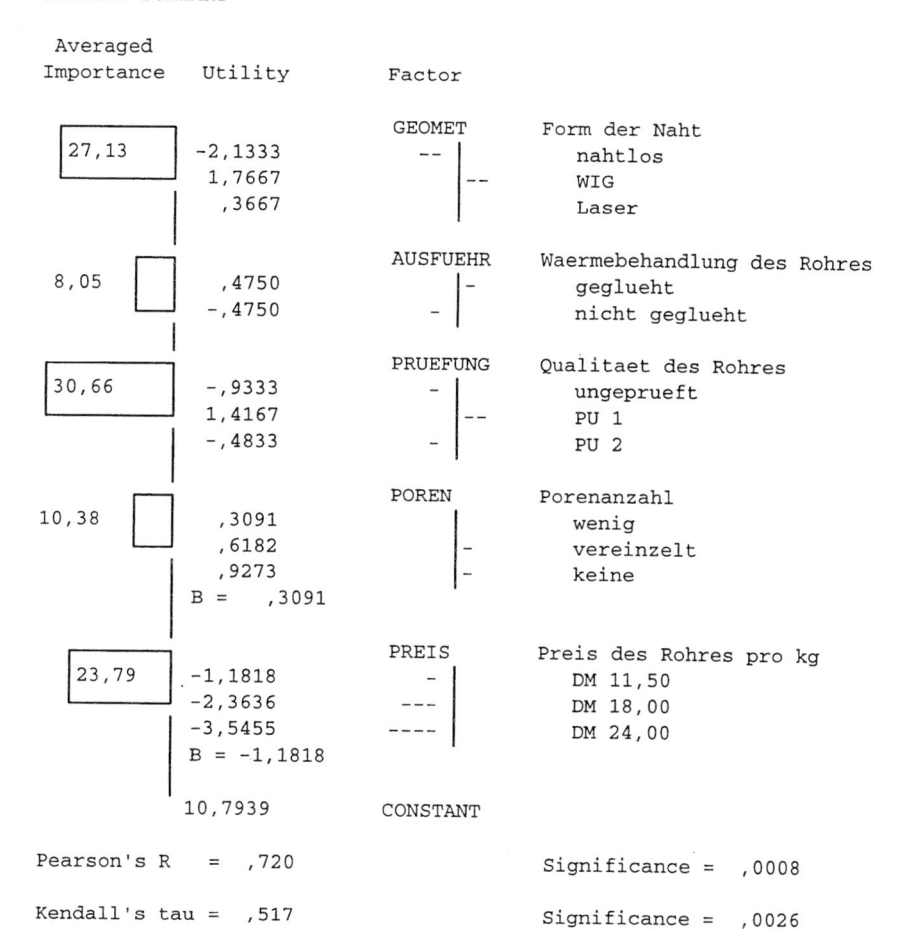

```
SUBFILE SUMMARY

Averaged
Importance    Utility         Factor

                              GEOMET      Form der Naht
  27,13       -2,1333          --         nahtlos
              1,7667           --         WIG
               ,3667                      Laser

                              AUSFUEHR    Waermebehandlung des Rohres
  8,05         ,4750           -          geglueht
              -,4750           -          nicht geglueht

                              PRUEFUNG    Qualitaet des Rohres
  30,66       -,9333           -          ungeprueft
              1,4167           --         PU 1
              -,4833           -          PU 2

                              POREN       Porenanzahl
  10,38        ,3091                      wenig
               ,6182           -          vereinzelt
               ,9273           -          keine
              B =  ,3091

                              PREIS       Preis des Rohres pro kg
  23,79      -1,1818           -          DM 11,50
             -2,3636          ---         DM 18,00
             -3,5455          ----        DM 24,00
              B = -1,1818

             10,7939          CONSTANT

Pearson's R  =  ,720                      Significance =  ,0008

Kendall's tau = ,517                      Significance =  ,0026
```

Bild 5.7: Conjoint-Analyse für verfahrenstechnische Anwendungen

lichkeiten zu erwarten sind, ein qualitativ höherwertiges Rohr zu einem gesteigerten Preis verkaufen zu können. Der Einsatz der Lasertechnologie ist nicht sinnvoll, da die Vorteile nicht anerkannt werden.

Das Verhältnis der relativen Wichtigkeiten **Bild 5.7** für verfahrenstechnische Anlagen ist durch die Bedeutung der technischen Anforderungen geprägt. Der Preis ist gegenüber der Qualität des Rohres und der Nahtform weniger bedeutsam eingestuft worden. Darüber hinaus wird der Gesamtnutzen nicht mehr durch den negativen Teilnutzen des höchsten Preises bestimmt. Für diese Anwendung ist der

Wert für den Gesamtnutzen des Laserrohres (11,62) deutlich höher als der des nahtlosen Rohres (7,93).

Zusammengefaßt kann festgestellt werden, daß der Einsatz der Lasertechnologie dann sinnvoll ist, wenn das Produkt wie im Fall der verfahrenstechnischen Anwendung hohen Anforderungen genügen muß. Durch die vorgenommene Conjoint-Analyse wird deutlich, daß die Gruppe der Befragten für verfahrenstechnische Anlagen durchaus durch einen gesteigerten Gesamtnutzen für die lasergeschweißten gegenüber den nahtlosen Rohren gekennzeichnet ist. Bei einer Betrachtung der Individualergebnisse der Conjoint-Analyse wird ersichtlich, daß dennoch gravierende Unterschiede in den Präferenzstrukturen der Befragten bestehen. Diese Informationen können daher als Basis einer weiteren Produktdiversifizierung verwendet werden.

5.3 Fazit: Fallbeispiel

Im vorliegenden Fallbeispiel wurde das Laserstrahlschweißen hinsichtlich der Eignung zur Herstellung von Edelstahlrohren untersucht. Ausgehend von Abgasrohren als Referenzprodukt wurden die charakteristischen Produktattribute identifiziert und der Einfluß der Technologie auf diese Attribute abgebildet. Durch die qualitative Verbesserung von Produktattributen aufgrund des Technologieeinflusses, wie zum Beispiel einer deutlichen Verbesserung der mechanischen und chemischen Rohreigenschaften, die u. a. eine Erhöhung der Umformbarkeit und eine geringere Neigung zur interkristallinen Korrosion zur Folge haben, wurde mit dem Einsatz im verfahrenstechnischen Bereich eine neue Anwendung systematisch abgeleitet.

Diese Anwendungen wurden durch eine Analyse von Nachfragerpräferenzen hinsichtlich ihres Nutzens für spezielle Anwender bewertet. Dazu wurde die Conjoint-Analyse in die Methode integriert und eingesetzt, um über die Bewertung von Attributausprägungen die Vorteilhaftigkeit einer speziellen Technologie bezogen auf die Herstellung eines konkreten Produktes nachzuweisen.

Es wurde deutlich, daß das Attribut mit der höchsten relativen Wichtigkeit im Bereich der Abgasrohre im Preis besteht, die deutlich verbesserten Gebrauchseigenschaften des Rohres werden bei dieser Anwendung geringer eingeschätzt. Daraus folgt, daß die Chancen, lasergeschweißte Abgasrohre mit einer gegenüber der konventionellen Lösung verbesserten Qualität zu einem erhöhten Preis abzusetzen, gering sind. Die gesteigerte Wertschöpfung ist nicht zwischen Produkthersteller und Produktverwender aufzuteilen, so daß zusammenfassend der Einsatz der Lasertechnologie für diese Anwendung nicht erfolgversprechend einzuschätzen ist.

Die qualitative Verbesserung des lasergeschweißten Produktes ermöglicht den Rohreinsatz jedoch auch bei verfahrenstechnischen Anwendungen, bei denen Eigenschaften wie die erhöhte mechanische Belastbarkeit oder die reduzierte Korrosionsneigung von grundlegender Bedeutung sind. Es wurde gezeigt, daß Anwendungen in diesem Bereich durchaus einen gegenüber vergleichbaren Produkten erhöhten Gesamtnutzen versprechen, so daß, bezogen auf diese Anwendung, durchaus die Aufteilung der Wertschöpfung zwischen Produkthersteller und -verwender möglich ist.

Im Fallbeispiel wurde die Methode zur produktorientierten Bewertung angewendet und hinsichtlich ihrer Aussagefähigkeit verifiziert. Anwendungen, die wenig erfolgversprechend sind, konnten identifiziert und vorteilhaftere Einsatzfälle nachgewiesen werden.

Ferner wurde ein grundsätzliches Problem deutlich, welches bei der Bewertung von Investitions- im Gegensatz zu Konsumgütern besteht. Bei Investitionsgütern ist die Anzahl der Nachfrager i. d. R. wesentlich geringer, so daß Einzelfälle interessanter sind als gemittelte Aussagen über die Gesamtheit der Nachfrager. Durch die Analysen wurden selbst bei gleichem Einsatz eines Produktes deutliche Unterschiede in den Nachfragerpräferenzen ersichtlich. Daraus resultieren jedoch neben besonderen Risiken bei der Verwendung gemittelter Ergebnisse besondere Chancen, bezogen auf die Teilergebnisse. Im direkten Dialog mit den potentiellen Kunden können diese Daten die Grundlage direkter Absprachen bilden.

6. Zusammenfassung

Der Einsatz von Technologien im allgemeinen und von innovativen Technologien im besonderen wurde bisher in vielen Unternehmen als eine Möglichkeit zur Realisierung von Kostenvorteilen gesehen. Die Gestaltung von Wettbewerbsvorteilen ist bei dieser Form der Betrachtung auf die unternehmensinterne Wertkette beschränkt. Die unternehmensexterne Wertkette, d. h. der Kunde, bleibt weitgehend unberücksichtigt. Die Folgen dieser eingeschränkten Sichtweise sind einerseits in einer fehlenden Ausrichtung an den Bedürfnissen der Kunden, andererseits in der ungenügenden Berücksichtigung technischer Möglichkeiten zu sehen.

Daher ist bei der Bewertung von Technologien die unternehmensexterne Wertkette mit in die Betrachtung einzubeziehen. Der Einsatz einer Technologie muß folglich an der Anwendung gemessen werden (Ergebnisorientierung). So können auch Anwendungen erschlossen werden, bei denen die Wirtschaftlichkeit über Kostenvorteile hinaus (prozessuale Orientierung) durch die Wertsteigerung des Produktes realisiert wird. Um jedoch diese Anwendungsfälle zu identifizieren, sind geeignete Methoden zur Technologiebewertung erforderlich, die die integrierte Bewertung der sowohl prozessualen als auch ergebnisorientierten Technologieauswirkungen ermöglichen.

Bisher wurden die Bewertungen der Ressourcen, die bei der Fertigung von Produkten notwendig sind und die Bewertungen möglicher Produktausprägungen getrennt an verschiedenen Stellen im Unternehmen vorgenommen. Eine Methode zur integrierten Bewertung existierte nicht.

Das Ziel dieser Arbeit bestand daher darin, eine Methode zur Verfügung zu stellen, die die Berücksichtigung beider Bereiche der Wertkette erlaubt. Darüber hinaus wurde aufgezeigt, wie im Rahmen dieser Methode die unternehmensspezifischen Randbedingungen bei der Technologiebewertung berücksichtigt werden können, um sicherzustellen, daß die Voraussetzungen zum Einsatz der Technologie im Unternehmen gegeben sind.

Einleitend wurden die zur Lösung dieser Aufgabe bestehenden Anforderungen bestimmt. Anschließend wurden die bestehenden Methoden verschiedener wissenschaftlicher Disziplinen auf ihre Verwendbarkeit analysiert. Darauf aufbauend wurde die Methode konkretisiert, die folgende Schritte beinhaltet:

- Bestimmung des Technologieeinflusses auf ein konkretes Produkt
- Variation der Produktanwendung
- Bewertung der Technologie-Produkt-Kombination.

Ausgehend von einem Referenzprodukt mit einer Referenzanwendung werden die wesentlichen das Produkt charakterisierenden Attribute detailliert bestimmt und der Einfluß der Technologie auf diese Attribute identifiziert.

Zur Gegenüberstellung dieser grundsätzlichen Produktattribute und der Auswirkungen der Technologie wurde das Quadrantenmodell entwickelt. Durch dessen Einsatz wird die Identifizierung von Technologie-Produkt-Kombinationen möglich, die grundsätzlich erfolgversprechend sind, d. h. bei denen die relevanten Produktattribute durch die Technologie maßgeblich beeinflußt werden.

Falls die qualitativen Verbesserungen des Produktes für den Anwender bedeutungslos sind, müssen die Anwendungen variiert werden [vgl. Brockhoff, 1993, S. 268 ff.]. Daher besteht der nächste Schritt darin, ausgehend von einem Referenzprodukt, systematisch neue Anwendungen abzuleiten, bei denen die verbesserten Produktattribute genutzt werden. Dabei werden aufbauend auf den geänderten Produktattributen neue Anwendungsparameter konkretisiert, über die dann neue Anwendungen abgeleitet werden können.

Diese Anwendungen werden dann durch eine direkte Analyse mit den Marktanforderungen verglichen. Zu diesem Zweck wurde die dekomponierende Conjoint-Analyse in die Methode integriert, um durch die Abschätzung der Anwenderpräferenzen den mit der neuen Produktausprägung verbundenen zusätzlichen Nutzen für einen Verwender zu quantifizieren.

Um den Ressourcenverzehr, der mit dem Technologieeinsatz verbunden ist, zu bewerten, wird grundsätzlich auf bestehende Verfahren zurückgegriffen, die im Rahmen der vorliegenden Arbeit ergänzt wurden. Durch die Betrachtung von Eingangs- und Ausgangsgrößen und die zusätzliche Berücksichtigung der Ressource Energie wird durch die Methode neben einer ökonomischen Betrachtung auch die Berücksichtigung ökologischer Effekte ermöglicht.

Die grundsätzliche Anwendbarkeit der Methode wurde im Rahmen eines Fallbeispiels dokumentiert. Dazu wurde die Technologie des Laserstrahlschweißens für Rohranwendungen untersucht. Ausgehend von einer Referenzanwendung wurden weitere Anwendungen abgeleitet. Beide Anwendungen wurden einer Bewertung hinsichtlich der technologiespezifischen Vorteile unterzogen. Es konnte gezeigt werden, daß die Methode geeignet ist, die Identifikation von Chancen und Restriktionen für konkrete Anwendungen wesentlich zu unterstützen.

Mit der Entwicklung der Methode zur produktorientierten Bewertung der Einsatzmöglichkeiten innovativer Technologien wurde ein Weg aufgezeigt, durch die ergebnisorientierte Umsetzung des technischen Fortschritts die Grundlage zukünftiger Wettbewerbsvorteile zu schaffen.

7. Verzeichnis der verwendeten Literatur

Addelman, S. Orthogonal Main-Effect Plans for Asymmetrical Factorial Experiments
in: Technometrics Vol. 4, No. 1, February 1962,
S. 21 - 46
zitiert als: Addelman 1962 a

Addelman, S. Symmetrical and Asymmetrical Fractional Factorial Plans
in: Technometrics Vol. 4, No. 1, February 1962,
S. 47 - 58
zitiert als: Addelman 1962 b

Albach, H.,
Wildemann, H. Strategische Investitionsplanung für neue Technologien
ZfB-Ergänzungsheft 1/86
Wiesbaden : Gabler, 1986

Backhaus, K. Investitionsgüter-Marketing
2. Aufl., München 1990

Backhaus, K.,
Erickson, B.,
Plinke, W.,
Weiber, R. Multivariate Analysemethoden
Eine anwendungsorientierte Einführung
7., überarb. Aufl., Berlin u. a. : Springer, 1994

Berner, W. Systematisches Gliedern komplexer technischer Systeme
in: Fachbericht Hüttenwesen Metallweiterverarbeitung,
Vol. 21, Nr. 2, S. 95 ff.
Dissertation, RWTH Aachen 1988

Binding, H. J. Grundlagen zur systematischen Reduzierung des Energie- und Materialeinsatzes
Dissertation, RWTH Aachen 1988

Bleymüller, J.,
Gehlert, G.,
Gülicher, H. Statistik für Wirtschaftswissenschaftler
9. Aufl., München : Vahlen, 1994

Böhlke, U. H.	Rechnerunterstützte Analyse von Produktlebenszyklen Entwicklung einer Planungsmethodik für das umweltökonomische Technologiemanagement Dissertation, RWTH Aachen : Shaker, 1994
Booz Allen & Hamilton Inc.	Gewinnen im Wettbewerb Erfolgreiche Unternehmensführung in Zeiten der Liberalisierung Stuttgart : Schäffer-Poeschel, 1994
Bortz, J.	Statistik für Sozialwissenschaftler 4., vollst. überarb. Aufl., Berlin u. a. : Springer, 1993
Brankamp, K.	Planung und Entwicklung neuer Produkte Berlin : de Gruyter, 1971
Brockhoff, K.	Produktpolitik 3., erw. Aufl., Stuttgart, Jena : Gustav Fischer, 1993
Brockhoff, K.	Forschung und Entwicklung Planung und Kontrolle 4., erg. Aufl., München, u. a. : Oldenbourg, 1994
Brose, P.	Planung, Bewertung und Kontrolle technologischer Innovationen Berlin : E. Schmidt, 1982
Bucksch, R., Rost, P.	Einsatz der Wertanalyse zur Gestaltung erfolgreicher Produkte in: zfbf 37 (4/1985), 1985, S. 350 - 361
Bullinger, H. J., Warschat, J., Frech, J.	Kostengerechte Produktentwicklung Target Costing und Wertanalyse im Vergleich in: VDI-Z 136 (1994), Nr. 10, S. 73 - 81
Busse von Colbe, W., Laßmann, G.	Betriebswirtschaftstheorie Bd. 1: Grundlagen, Produktions- und Kostentheorie 5., durchges. Aufl., Berlin u. a. : Springer, 1991

Caesar, C.	Kostenorientierte Gestaltungsmethodik für variantenreiche Serienprodukte Variant Mode and Effects Analysis (VMEA) Dissertation, RWTH Aachen 1991 Fortschr.-Ber. VDI Reihe 2 Nr. 218, Düsseldorf : VDI-Verlag, 1991
Carter, W. K.	To Invest in New Technology or Not? New Tools for Making the Decision in: Journal of Accontancy, May 1992, S. 58 - 64
Chmielewicz, K.	Wertschöpfung in: DBW 43 (1983), S. 152 - 154
Clark, K. B.	Wie moderne Technik Markterfolge bringt in: Harvard manager, 3/1990, S. 22 - 27
Clark, K. B., Fujimoto, T.	Das Erfolgsgeheimnis integrer Produkte in: Harvard manager, 2/1991, S. 113 - 123
Coenenberg, A. G.	Kostenrechnung und Kostenanalyse 2. Aufl., Landsberg am Lech : Moderne Industrie, 1993
Coenenberg, A. G.	Jahresabschluß und Jahresabschlußanalyse 14., überarb. Aufl., Landsberg am Lech : Moderne Industrie, 1993
Cook, H., Donndelinger, J.	Benchmarking Product Value Mid-sized Automobiles (Draft) Illinois 1995
Cooper, R.	Japanese Cost Management Practices Probing the "Secrets" to the Success of Japanese Firms in: CMA Magazine, October 1994, S. 20 - 25
De Rose, L. J.	Meet Today's Buying Influences with Value Selling in: Industrial Marketing Management 20, 87 - 91 (1991), S. 87 - 90

Dilthey, U. Schweißtechnische Fertigungsverfahren
Band 1, Schweiß- und Schneidtechnologien
2., Aufl., Düsseldorf : VDI-Verlag, 1994

Dunst, K. H. Portfolio Management
Konzeption für die strategische Unternehmensplanung
Berlin, New York : Springer, 1979

Eichhorn, F. Schweißtechnische Fertigungsverfahren
Band 1, Schweiß- und Schneidetechnologie
Düsseldorf : VDI-Verlag, 1983

Eisenführ, F., Rationales Entscheiden
Weber, M. 2., verb. Aufl., Berlin u. a. : Springer, 1994

Eversheim, W. Organisation in der Produktionstechnik
Band 1, Grundlagen
2., neubearb. Aufl., Düsseldorf : VDI-Verlag, 1990
zitiert als: Eversheim, 1990 a

Eversheim, W., Kostenvorteile durch technische Innovationen:
Schmetz, R. Grundlagen zur Planung von Werkstoff- und
Verfahrensinnovationen
in: Technische Rundschau 82/1990, Nr. 20, S. 26 - 33
zitiert als: Eversheim, 1990 b

Eversheim, W., In der Produktion Energie- und Materialkosten einsparen:
Binding, J., Prozeßmodell als Hilfsmittel
Schmetz, R. in: VDI-Z 132 (1990), Nr. 2, S. 41 - 45
zitiert als: Eversheim, 1990 c

Eversheim, W., Erstellung von Substitutionskriterien für Verfahren und
Böhlke, U. H., Werkstoffe
Schmetz, R. in: o. V., Methoden zur Energie- und Rohstoffeinsparung
für ausgewählte Fertigungsprozesse, Arbeits- und
Ergebnisbericht des SFB 144, Aachen 1991, S. 7 - 25

Eversheim, W., | Energetische Produktlinienanalyse
Schmetz, R. | Ein wichtiges Hilfsmittel zur ökonomischen und ökologischen Bewertung von Produkten
| in: VDI-Z 134 (1992) Nr. 6, S. 46 - 52
| zitiert als: Eversheim, 1992 a

Eversheim, W., | Wie innovativ sind Unternehmen heute
Böhlke, U. H., | Studie über die Einführung neuer
Martini, C., | Produktionstechnologien
Schmitz, W. J. | in: Technische Rundschau 46/1992, S. 100 - 105
| zitiert als: Eversheim, 1992 b

Eversheim, W., | Moderne Bewertungsansätze zur markt- und
Hartmann, M., | verursachungsgerechten Produktbewertung
Kümper, R. | in: krp 2/1993, S. 91 - 94

Eversheim, W., | Wirtschaftlichkeitsaspekte zum Hochleistungslaser-
Adams, M., | einsatz
Seng, S. | in: VDI-TZ (Hrsg.), Materialbearbeitung mit CO_2-Laserstrahlen höchster Leistung
| Düsseldorf 1994, S. 119 - 125
| zitiert als: Eversheim, 1994 a

Eversheim, W., | Die Auswahl des "richtigen" Werkstoffes
Böhlke, U. H., | Neue ökonomie- und ökologieorientierte Bewertungs-
Adams, M. | methoden
| in: VDI-Z, 135 (1994) Nr. 4, S. 118 - 121
| zitiert als: Eversheim, 1994 b

Eversheim, W., | Mit Benchmarking zur richtigen Unternehmensstrategie
Linnhoff, M., | Einsatz branchenspezifischer Kennzahlensysteme für den
Pollack, A. | zwischenbetrieblichen Vergleich
| in: VDI-Z 136 (1994), Nr. 5, S. 38 - 41
| zitiert als: Eversheim, 1994 c

Eversheim, W., | Systematische Ableitung von Produktmerkmalen aus
Schmidt, R., | Marktbedürfnissen
Saretz, B. | in: io Management Zeitschrift 63 (1994) Nr. 1, S. 66 - 70
| zitiert als: Eversheim, 1994 d

Eversheim, W., Adams, M., Böhlke, U. H.	Erstellung von Substitutionskriterien für Verfahren und Werkstoffe in: o. V., 1994, S. 7 - 24 zitiert als: Eversheim, 1994 e
Fill, W.	In Form gebracht Werkzeugmaschinen: Orientierung am Kunden in: Industrie Anzeiger 22/94, S. 24 - 27
Fischer, T. M., Schmitz, J.,	Marktorientierte Kosten- und Qualitätsziele gleichzeitig erreichen in: io Management Zeitschrift 63 (1994) Nr. 10, S. 63 - 68
Foster, R. N.	A Call for Vision in Managing Technology in: The McKinsey Quaterly, Summer 1982, S. 26 - 36
Foster, R. N.	Innovation Wiesbaden : Gabler, 1986
Froehling, O., Spilker, D.	Life Cycle Costing in: io Management Zeitschrift 59 (1990) Nr. 10, S. 74 - 78
Garvin, D. A.	Manufacturing Strategic Planning in: California Management Review, Summer 1993, S. 85 - 136
Green, P. E., Rao, V. R.	Conjoint Measurement for Quantifying Judgemental Data in: Journal of Marketing Research, August 1971, S. 355 - 363
Green, P. E.	On the Design of Choice Experiments Involving Multifactor Alternatives in: Journal of Consumer Research, Vol. 1, September 1974, S. 61 - 68
Green, P. E. Wind, Y.	New Way to Measure Consumers' Judgements in: Harvard Business Review, July - August 1975, S. 107 - 117

Green, P. E., Helsen, K.	Cross-Validation Assessment of Alternatives to Individual-level Conjoint Analysis A Case Study (Predictive Accuracy and Averaging of Individual Responses) in: Journal of Marketing Research, Vol. 26, August 1989, S. 346 - 350
Green, P. E. Srinivasan, V.	Conjoint Analysis in Marketing New Developments with Implications for Research and Practice in: Journal of Marketing v54, October 1990, S. 3 - 19
Göetzke, W.	Zur Kritik an der einzelwirtschaftlichen Wertschöpfungsrechnung in: ZfB 5/1979, S. 419 - 428
Gutenberg, E.	Grundlagen der Betriebswirtschaftslehre Bd. 1, Die Produktion 24. Aufl., Berlin u. a. : Springer, 1983
Gutzler, E. H.	GWA Wunderwaffe mit vielen Tücken in: Harvard manager, 4/1992, S. 120 - 128
Hagel, J.	Managing Complexity in: The McKinsey Quarterly, 1988, Number 1, S. 2 - 23
Hagerty, M. R.	Improving the Predictive Power of Conjoint Analysis: The Use of Factor Analysis and Cluster Analysis in: Journal of Marketing Research v22, May 1985, S. 168 - 184
Hahn, D.	Führungsprobleme industrieller Unternehmungen Festschrift für F. Thomée zum 60. Geburtstag Berlin, New York : de Gruyter, 1980
Hanna, A. M., Lundquist, J. T.	Creative strategies in: The McKinsey Quarterly 1990 Number 3, 1990, S. 56 - 90

Hanna, A. M.	Evaluating strategies in: The McKinsey Quarterly 1991 Number 3, 1991, S. 158 - 177
Hansmann, K.	Bundesimmissionsschutzgesetz und ergänzende Vorschriften 14. Aufl., Baden-Baden : Nomos, 1994
Hartmann, M.	Entwicklung eines Kostenmodells für die Montage Ein Hilfsmittel zur Montageplanung Dissertation, RWTH Aachen : Shaker, 1993
Hartung, S.	Methoden des Qualitätsmanagements für die Produktplanung und -entwicklung Dissertation, RWTH Aachen : Shaker, 1994
Hauser, J. R, Clausing, D.	Wenn die Stimme des Kunden bis in die Produktion vordringen soll in: Harvard manager, 4/1988, S. 57 - 70
Hinterhuber, H.	Paradigmenwechsel Vom Denken in Funktionen zum Denken in Prozessen in: Luczak, H., Eversheim, W. (Hrsg.), Marktorientierte Flexibilisierung der Produktion - Sicherung der Wettbewerbsfähigkeit am Standort Deutschland, Tagungsband zum Aachener Rationalisierungskongreß, Köln : TÜV Rheinland, 1993, S. 97 - 120
Horváth, P.	Grundprobleme der Wirtschaftlichkeitsanalyse beim Einsatz neuer Informations- und Produktionstechnologien in: Wirtschaftlichkeit neuer Produktions- und Informationstechnologien, Tagungsbd. zum Stuttgarter Controller-Form, Stuttgart 1988
Horváth, P.	Controlling 4. Aufl., München : Vahlen, 1991
Jehle, E.	Wertanalyse Ein System zum Lösen komplexer Probleme in: WiSt Heft 6, Juni 1991, S. 287 - 294

Kettner, P.	Konzeption eines Informationssystems für die Planung automatisierter Montagesysteme Dissertation, RWTH Aachen, 1987
Koller, R.	Eine algorithmisch-physikalisch orientierte Konstruktionsmethodik in: VDI-Z 115 (1973), Nr. 2, S. 147 - 152
Koller, R.	Konstruktionslehre für den Maschinenbau Grundlagen des methodischen Konstruierens 2., völlig neubearb. u. erw. Aufl., Berlin u. a. : Springer, 1985
Koppelmann, U.	Produktmarketing Entscheidungsgrundlage für Produktmanager 4., vollst. überarb. und erw. Aufl., Heidelberg : Springer, 1993
Kordupleski, R. E., Rust, R. T., Zahorik, A. J.	Qualitätsmanager vergessen zu oft den Kunden Warum viele Qualitätsprogramme am Markt keine Vorteile bringen in: Harvard Business manager 1/1994, S. 65 - 72
Krumm, S.	Bewertung des Ressourceneinsatzes bei der prozeßorientierten Informationsbereitstellung Dissertation, RWTH Aachen : Shaker, 1994
Kruskal, J. B.	Analysis of Factorial Experiments by Estimating Monotone Transformations of Data in: Journal of the Royal Statistics Society, Series B, March 1965, S. 251 - 263
Laker, M.	Target Pricing als zentrale Erfolgsdeterminante für das Target Costing in: Scheer, A. W. (Hrsg.), Rechnungswesen und EDV, 14. Saarbrücker Arbeitstagung 1993 - Controlling bei fließenden Unternehmensstrukturen, Heidelberg : Physica, 1993, S. 245 - 262

Lemke, H.-J.	Mit Wertkettenanalyse und Zero-Base-Budgeting zum marktorientierten Unternehmen in: krp 5/92, 1992, S. 271 - 274
Martini, C.	Marktorientierte Bewertung neuer Produktionstechnologien, vorgelegte Dissertation, Hochschule St. Gallen 1995
Meffert, H.	Marketing 7., überarb. u. erw. Aufl., Nachdr., Wiesbaden : Gabler, 1991
Meffert, H.	Marketingforschung und Käuferverhalten 2. Auflage, Wiesbaden : Gabler, 1992
Morgan, M. J.	Accounting for Strategy A Case Study in Target Costing in: Management Accounting, May 1993, S. 20 - 24
Müller-Hagedorn, L., Sewing, E., Toporowski, W.	Zur Validität von Conjoint Analysen in: zfbf 45 (2/1993), S. 123 - 148
Mullet, G. M., Karson M. J.	Percentiles of LINMAP Conjoint Indices of Fit for Various Orthogonal Arrays A Simulation Study in: Journal of Marketing Research, Vol. XXIII (August 1986), S. 286 - 290
Neitzel, H.	Stand der Ökobilanz-Arbeiten im Normenausschuß Grundlagen des Umweltschutzes (NAGUS) im DIN in: o. V., Ökobilanzen, Seminarunterlagen zur UTECH Berlin 1994, S. 15 - 37
o. V.	Wertanalyse VDI-Richtlinie 69910 Berlin : VDI-Verlag, 1973
o. V.	Norm DIN 17172 : 1980. Stahlrohre für Fernleitungen für brennbare Flüssigkeiten und Gase

o. V.	Norm DIN 50104 : 1983. Dichtheitsprüfung bis zu einem bestimmten Innendruck
o. V.	Norm DIN 2463, Teil 1 : 1985. Geschweißte Rohre aus austenitischen nichtrostenden Stählen Maße, längenbezogene Massen zitiert als: o. V. 1985 a
o. V.	Norm DIN 17457 : 1985. Geschweißte kreisförmige Rohre aus austenitischen nichtrostenden Stählen für besondere Anforderungen Technische Lieferbedingungen zitiert als: o. V. 1985 b
o. V.	Management im Zeitalter der strategischen Führung Little, A. D. (Hrsg.) Wiesbaden : Gabler, 1985 zitiert als: o. V., 1985 c
o. V.	Management der Geschäfte von morgen Little, A. D. (Hrsg.) Wiesbaden : Gabler, 1985 zitiert als: o. V., 1985 d
o. V.	Norm DIN 69910 : 1987. Wertanalyse
o. V.	Management des geordneten Wandels Little, A. D. (Hrsg.) Wiesbaden : Gabler, 1988
o. V.	Empfehlungen zur Technikbewertung VDI-Richtlinie 3780 Empfehlung Berlin : VDI-Verlag, 1989 zitiert als: o. V., 1989 a
o. V.	Handbuch für den Rohrleitungsbau 9., stark bearb. Aufl., Berlin : Verlag Technik, 1989 zitiert als: o. V., 1989 b

o. V. SPSS Categories
SPSS inc. (Hrsg.)
Chicago 1990

o. V. Financial Management Network
The New Revolution in Cost Management
in: Financial Executive, November/December 1991,
S. 35 - 39

o. V. SPSS for Windows
Base System User's Guide, Release 5.0
Hrsg. SPSS inc.
Chicago 1992
zitiert als: o. V. 1992 a

o. V. SPSS for Windows
Advanced Statistics, Release 5.0
Chicago 1992
zitiert als: o. V. 1992 b

o. V. Brockhaus Enzyklopädie in 24 Bd.
19., völlig neubearb. Aufl., Mannheim : Brockhaus, 1993
zitiert als: o. V., 1993 a

o. V. Gabler Wirtschafts-Lexikon in 8 Bd.
13., vollst. überarb. Aufl., Wiesbaden : Gabler, 1993
zitiert als: o. V., 1993 b

o. V. Laser-Markt immer noch attraktiv
in: VDI-Z 135 (1993), Nr. 6, S. 26
zitiert als: o. V., 1993 c

o. V. Grundsätze produktbezogener Ökobilanzen
German "Memorandum of Unterstanding"/"Conceptual Framework"
in: DIN-Mitteilungen + elektronorm 73, 1994, Nr. 3,
S. 208 - 212
zitiert als: o. V., 1994 a

o. V.	Methoden zur Energie- und Rohstoffeinsparung für ausgewählte Fertigungsprozesse, Arbeits- und Ergebnisbericht des SFB 144, Aachen 1994, S. 7 - 24 zitiert als: o. V., 1994 b
Perillieux, R.	Der Zeitfaktor im strategischen Technologie-Management Berlin 1987
Perillieux, R.	Einstieg bei technischen Innovationen - früh oder spät? in: ZfO, 58 Jg., Nr 1, 1989, S. 23 - 29
Perrilieux, R.	Funktionsübergreifendes Innovationsmanagement in: Booz Allen, 1994, S. 215 - 235
Perlitz, M., Löbler, H.	Brauchen Unternehmen zum Innovieren Krisen? in: ZfB 55. Jg. (1985), H. 5, S. 424 - 450
Pfeifer, T., Eversheim, W., König, W. Weck, M.	Wettbewerbsfaktor Produktionstechnik Aachener Perspektiven Aachener Werkzeugmaschinenkolloquium '93 Düsseldorf : VDI-Verlag, 1993
Pfeiffer, W.	Innovationsmanagement als Know-how-Management in: Hahn, 1980, S. 421 - 452
Porter, M.	Competitive Advantage Creating and sustaining superior performance New York : The Free Press, 1985
Priem, R. L.	An Application of Metric Conjoint Analysis for the Evaluation of Top Managers' Individual Strategic Decision Making Processes A Research Note in: Strategic Management Journal v13, Summer 1992, S. 143 - 151
Quinn, J. B., Baruch, J. J., Paquette, P. C.	Exploiting the Manufacturing-Services Interface in: Sloan Management Review, Summer 1988, S. 45 - 56

Reddy, N. M.	Defining Product Value in Industrial Markets, in: Management Decision, Vol. 29 No. 1, 1991, S. 14 - 19
Reichmann, T., Lange, C.	Kapitalflußrechnung und Wertschöpfungsrechnung als Ergänzungsrechnung des Jahresabschlusses im Rahmen einer gesellschaftsbezogenen Rechnungslegung in: ZfB 1980, S. 518 - 542
Reichmann, T., Lange, C.	Wertschöpfungsrechnung und handelsrechtliche Gewinnermittlung: Brutto- oder Netto-Wertschöpfung in: Der Betrieb, Heft 19 vom 8.5.1981, 34 Jg., S. 949 - 953
Reinhard, M.	Stand und wirtschaftliche Perspektiven der industriellen Lasertechnik in der Bundesrepublik Deutschland München : Ifo-Institut für Wirtschaftsforschung, 1990
Scheibe-Lange, I.	Wertschöpfung und Verteilung des Unternehmenseinkommens in: ZfB, 48, 1978, S. 631 - 637
Schmetz, R.	Planung innovativer Werkstoff- und Verfahrensanwendungen Dissertation, RWTH Aachen 1992 Fortschr.-Ber. VDI Reihe 16 Nr. 63, Düsseldorf : VDI-Verlag, 1992
Schneeweiß, C.	Planung Bd. 1, Systemanalytische und entscheidungstheoretische Grundlagen Berlin, u. a. : Springer, 1991
Schöler, H. R.	Quality Function Deployment Eine Methode zur qualitätsgerechten Produktgestaltung in: VDI-Z 132 (1990), Nr. 11, S. 49 - 51

Schröder, H.-H.　　Wertanalyse als Instrument der optimierten Produktgestaltung
in: Corsten, H. (Hrsg.), Handbuch Produktionsmanagement, Wiesbaden : Gabler, 1994, S. 151 - 169

Schuh, G.　　Gestaltung und Bewertung von Produktvarianten
Ein Beitrag zur systematischen Planung von Serienprodukten
Dissertation, RWTH Aachen 1988
Fortschr.-Ber. VDI Reihe 2 Nr. 177, Düsseldorf : VDI-Verlag, 1988

Schuh, G.,
Böhlke, U. H.,
Martini, C.,
Schmitz, W. J.　　Planung technologischer Innovationen mit einem Technologiekalender
in: io Management Zeitschrift 61 (1992) Nr. 3,
S. 31 - 35

Schuh, G.　　Anwendungserfahrungen mit der ressourcenorientierten Prozeßkostenrechnung bei der Bewertung von Produktvarianten
in: Scheer, A. W. (Hrsg.), Rechnungswesen und EDV, 14. Saarbrücker Arbeitstagung 1993 - Controlling bei fließenden Unternehmensstrukturen, Heidelberg : Physica, 1993,
S. 173 - 195

Schuh, G.　　CIM-Wirtschaftlichkeit
Grundlagen für Produktions-Controllingsysteme
Habilitation an der Hochschule St. Gallen 1994
zitiert als: Schuh, 1994 a

Schuh, G.　　Wettbewerbsvorteile durch Prozeßkostensenkung
in: DIN-Mitteilungen 73, 1994, Nr. 2, S. 99 - 105
zitiert als: Schuh, 1994 b

Schumpeter, J.　　Theorie der wirtschaftlichen Entwicklung
Eine Untersuchung über Unternehmergewinn, Kapital, Kredit, Zins und den Konjunkturzyklus
6. Aufl., Berlin : Duncker & Humblot, 1964

Servatius, H.-G.	Methodik des strategischen Technologie-Managements Grundlage für erfolgreiche Innovationen Berlin : Schmidt, 1985
Servatius, H.-G.	Vom strategischen Management zur evolutionären Führung Auf dem Wege zu einem ganzheitlichen Denken und Handeln Stuttgart : Poeschel, 1991
Sommerlatte, T., Deschamps, J. P.	Der strategische Einsatz von Technologien Konzepte und Methoden zur Einbeziehung von Technologien in die Strategieentwicklung des Unternehmens in: o. V., 1985 c, S. 39 - 76
Sommerlatte, T.	Die Veränderungsdynamik, die uns umgibt Ist das Unternehmen ausreichend darauf eingestellt? in: o. V., 1985 d, S. 2 - 25
Stamm, M.	Gemeinkostenwertanalyse in: cm, 1/1984, S. 25 - 29
Steffenhagen, H.	Marketing Eine Einführung Stuttgart, Berlin, Köln : Kohlhammer, 1988
Steinfatt, E.	Ein Expertensystem zur Investitionsplanung Rechnerunterstützte Ermittlung und Bewertung von Investitionsalternativen bei innovativen Technologien Dissertation, RWTH Aachen 1990
Stützel, W.	Wert und Preis in: Handwörterbuch der Betriebswirtschaft, 5., völlig neu gestaltete Aufl., Stuttgart : Schäffer-Poeschel, S. 4404 - 4425
Tilby, C.	Die Basis unternehmerischer Initiative: Systematisch neue Produkte und Leistungen entwickeln in: o. V., 1988, S. 91 - 106

Töpfer, A.	Marketing für Start-up-Geschäfte mit Technologieprodukten in: Töpfer, A., Sommerlatte, T. (Hrsg.) Technologie-Marketing - Die Integration von Technologie und Marketing als strategischer Erfolgsfaktor Landsberg/Lech : Moderne Industrie, 1991, S. 163 - 200
Tscheulin, D. K.	Ein empirischer Vergleich der Eignung von Conjoint-Analysen und "Analytic Hierarchy Process" (AHP) zur Neuplanung in: ZfB, 61 (1991), S. 1267 - 1280
Uhlig, G., u. a.	Laserstrahl-Schmelzschweißen nichtrostender Stähle Entwicklungsstand und Tendenzen in: Bänder Bleche Rohre 4-1992, S. 60 - 68
Ullmann, C. C.	Methodik zur Verfahrensplanung von innovativen Fertigungstechnologien im Rahmen der technischen Investitionsplanung Dissertation, RWTH Aachen : Shaker, 1994
Volz, J.	Praktische Probleme des Zero-Base-Budgeting in: ZfB, 57 (1987), S. 870 - 881
Weber, H. K.	Wertschöpfung in: Handwörterbuch der Betriebswirtschaft, 5., völlig neu gestaltete Aufl., Stuttgart : Schäffer-Poeschel, S. 2173 - 2181
Weck, M., Eversheim, W., König, W. Pfeifer, T.	Wettbewerbsfaktor Produktionstechnik Aachener Werkzeugmaschinenkolloquium '90 Düsseldorf : VDI-Verlag, 1990
Weis, H. C., Steinmetz, P.	Marktforschung Modernes Marketing für Studium und Praxis Ludwigshafen : Kiehl, 1991
Wheelwright, S. C., Hayes, R. H.	Fertigung als Wettbewerbsfaktor in: Harvard manager, 4/1985, S. 87 - 93

Wheelwright, S. C., Sasser, W. E.	Mit einer neuen technik Flops bei Innvoationen vermeiden in: Harvard manager, 4/1989, S. 60 - 69
Wildemann, H.	Strategische Investitionsplanung für neue Technologien in der Produktion in: Albach, 1986, S. 1 - 48
Wildemann, H.	Strategische Investitionsplanung Methoden zur Bewertung neuer Produktionstechnologien Wiesbaden : Gabler, 1987
Wöhe, G.	Einführung in die Allgemeine Betriebswirtschaftslehre 16. Aufl., München : Vahlen, 1986
Wolfrum, B.	Strategisches Technologiemanagement Wiesbaden : Gabler, 1991
Zahn, E., Huber-Hofmann, M.	Die Produktion als Wettbewerbskraft in: Bullinger, H.-J. (Hrsg.), Produktionsmanagement im Spannungsfeld zwischen Markt und Technologie, München 1990, S. 47 - 82

8. Anhang

                                                                                     Seite

Anhang A: Glossar   A 1

Anhang B: Attributauswahl   B 1

Anhang C: Darstellung der Stimuli   C 1

Anhang D: Ergebnisse der Conjoint-Analyse   D 1

Anhang A: Glossar

Abfall	Abfälle i. S. des § 1 Abs. 1 des Abfallgesetzes vom 27.08.1986 sind bewegliche Sachen, deren sich der Besitzer entledigen will (sog. subjektiver Abfallbegriff) oder deren geordnete Entsorgung zur Wahrung des Wohls der Allgemeinheit, insbesondere des Schutzes der Umwelt, geboten ist (objektiver Abfallbegriff). Abfälle sind entsprechend dem Kreislaufwirtschaftsgesetz vom 15.04.1994 "Abfälle zur Beseitigung" i. S. der EG-Abfallrichtlinie. Diese sind zu unterscheiden von den "Abfällen zur Verwertung", die im Kreislaufwirtschaftsgesetz als "Sekundärrohstoffe" bezeichnet werden. [vgl. o. V., 1993 b, S. 4 ff.].
Attribut	Attribute sind Beschreibungen der Eigenschaften von Objekten [Schneeweiß, 1991, S. 18 f.].
barriers to purchase	Kaufhemmnisse.
CASEMAP	Methode zur telefonbasierten Datenerhebung von M/A/R/C [vgl. Green, 1990, S. 10].
complements chain	Der Teil der Wertkette, in dem die mit Nutzung/ Entsorgung eines Produktes verbundenen Kosten entstehen [Hanna, 1990, S. 57 f.; Hanna, 1991, S. 160].
conjoint measurement	--> conjoint analysis
conjoint analysis	Im eigentlichen Sinne dekompositionelle Verfahren zur Analyse von Entscheiderpräferenzen, teilweise werden jedoch auch kompositionelle Verfahren als Conjoint-Analysen bezeichnet.
consumer surplus	Konsumentenmehrwert; Differenz zwischen dem Preis des Endproduktes und dem economic value to the customer [Hanna, 1990, S. 58] oder auch value in use.
cost-benefit-analysis	Kosten-Nutzen-Analyse.
Dekomposition	Zerlegung eines Entscheidungsproblems in Komponenten, um die Komplexität zu reduzieren [Eisenführ, 1994, S. 9].

Design, faktorielles	Untersuchungsanordnung für mehrfaktorielle Varianzanalyse [vgl. Backhaus, 1990, S. 51].
design, fractional factorial	Nach bestimmten Verfahren (z. B. Orthoplan) reduzierte Untersuchungsanordnung.
Design, symmetrisches	Design, bei dem die Attribute/ Eigenschaften die gleiche Anzahl von Ausprägungen aufweisen [vgl. Backhaus, 1994, S. 508].
Design, experimentelles	Untersuchungsanordnung für einfaktorielle Varianzanalyse [vgl. Backhaus, 1990, S. 45].
design, bridging	Zwischendesign; Bei einer großen Anzahl von Stimuli kann die Rangreihung mit sog. Zwischendesigns (bridging designs) erfolgen. Zuerst werden die fiktiven Produkte in Gruppen mit hohem, mit mittlerem und mit niedrigem Nutzen eingeteilt. Anschließend bestimmt die Testperson die Rangreihung innerhalb der Gruppen. Danach wird daraus die Gesamtrangreihung ermittelt [vgl. Backhaus, 1990, S. 352].
Design, reduziert	--> Design, fractional factorial
Design, asymmetrisches	Design, bei dem die Attribute/ Eigenschaften unterschiedliche Anzahlen von Ausprägungen aufweisen [vgl. Backhaus, 1990, S. 351]
drifting costs	geschätzte Kosten
economic value to the customer	identisch mit value in use
economic surplus	Ökonomischer Mehrwert; Differenz zwischen den Produktionskosten in jedem Glied der Mehrwertkette (surplus chain) und des vom nächsten Abnehmer geforderten Preises [Hanna, 1990 b, S. 57].
Effekte, externe	Wirkungen, bei denen der Verursachende und der Betroffene nicht übereinstimmen. Externe Effekte stellen Wechselwirkungen dar, die nicht über Marktbeziehungen abgewickelt werden [vgl. o. V., 1993 b, S. 1081]
Element	--> Objekt, Entität

Anhang A Glossar - A 3 -

Elementarfunktion	Kleinste, sinnvoll nicht weiter gliederbare Funktion [vgl. Koller, 1985, S. 30]. --> Gesamtfunktion, --> Teilfunktion
Emission	Emissionen sind an die Umwelt abgegebene Abfälle aus Produktion, Distribution und Konsum. Nach dem Bundes-Immissionsschutzgesetz (BImSchG) werden von Anlagen (Betriebsstätten, Maschinen, Geräte, Grundstücke) ausgehende Luftverunreinigungen, Geräusche, Erschütterungen, Licht, Wärme, Strahlen und ähnliche Umwelteinwirkungen als Emissionen bezeichnet. [vgl. o. V., 1993 b, S. 953; BImSchG § 3].
Entität	--> Objekt
Ergänzungs-/ Erweiterungskette	--> complements chain
Ersatzkette	--> substitutes chain
Faktor	unabhängige Variable bspw. im Rahmen der Varianzanalyse [vgl. Backhaus, 1990, S. 45].
Full-profile-Methode	multiple factor full-concept method [o. V., 1990, S. B-1].
Funktion	Qualitative und/ oder quantitative Darstellung der Ursache-Wirkungsbeziehung eines technischen Systems, d. h. des Zusammenhangs zwischen Ein- und Ausgangsgrößen [vgl. Koller, 1985, S. 27].
Funktionswert	use value
Gesamtfunktion	Mehrere Teilfunktionen können bei gemeinsamer Betrachtung eine Gesamtfunktion bilden [vgl. Koller, 1985, S. 30]. --> Teilfunktion, --> Elementarfunktion
Gesamtwert	perceived value

Hauptfunktion	Aus der Aufgabenstellung abgeleitete Ursache-Wirkungsbeziehung zwischen Ein- und Ausgangsgrößen. Die Formulierung der Hauptfunktion kann sowohl qualitativ als auch quantitativ vorgenommen werden. Sie beinhaltet qualitativ die verbale, quantitativ die physikalische, mathematische oder auch logische Beschreibung der Beziehung zwischen Ursache und Wirkung [vgl. Koller, 1985, S. 27 ff.]. --> Nebenfunktion
Immissionen	Immissionen sind durch Emission in bestimmte Umweltmedien eindringende bzw. dort in bestimmten Konzentrationen vorhandene Schadstoffe (oder -energien). Immissionen resultieren aus Emissionen, sie können primär durch Maßnahmen gegen Emissionsquellen bekämpft werden. Nach dem BImSchG werden auf Menschen sowie Tiere, Pflanzen oder andere Sachen einwirkende Luftverunreinigungen, Geräusche, Erschütterungen, Licht, Wärme, Strahlen und ähnliche Umwelteinwirkungen als Immissionen bezeichnet. [vgl. o. V., 1993 b, S. 1560 f.; BImSchG § 3].
industry chain	interne Wertkette [Hanna, 1990, S. 59].
interactions	Wechselbeziehungen/-wirkungen zwischen Variablen [vgl. Backhaus, 1990, S. 52]; n-way-interactions sind Einflüsse zwischen n Faktoren [vgl. SPSS-Glossar].
Know-how	Aus Formal- und Realwissen zusammengesetzte Kenntnisse zur praktischen Verwirklichung oder Anwendung einer Sache. Formalwissen ist dabei auf die Kenntnis logischer Zusammenhänge und Realwissen auf bestehende Erfahrungen bezogen [vgl. o. V. 1993 b, S. 3848; o. V., 1993 a, Bd. 12, S. 123].
Kosten-Nutzen-Analyse	Systemanalyse, bei der sowohl positive (Nutzen) als auch negative (Kosten) Aspekte monetär bewertbar sind (cost-benefit-analysis) [Schneeweiß, 1991, S. 75]
Kostenwirksamkeitsanalyse	Systemanalyse, bei der die Kosten (Aufwendungen) monetär bewertbar, die Vorteile (Nutzen) nicht monetär bewertbar sind [Schneeweiß, 1991, S. 75 f.].
Mehrwert	value added
Mehrwertkette	--> surplus chain

Anhang A   Glossar   - A 5 -

multiple classification analysis	Abschätzung des Einflusses der Haupteffekte im Rahmen EDV-unterstützter Varianzanalysen [vgl. Backhaus, 1990, S. 60].
Nebenfunktion	Über die aus der Aufgabenstellung folgende Hauptfunktion hinausgehende Funktionen eines Systems [vgl. Koller, 1985, S. 84 f.]. --> Hauptfunktion
Objekt	Ein Objekt (auch Entität oder Element) ist eine abgegrenzte, durch Attribute beschreibbare Einheit [Schneeweiß, 1991, S. 18].
Ökonomischer Mehrwert	--> economic surplus
overhead value analysis	Verfahren von McKinsey & Co. zur Analyse der Gemeinkosten.
pareto Optimalität	Pareto optimale Lösungen zeichnen sich dadurch aus, daß keine Lösung eine andere dominiert [vgl. Green, 1990, S. 7], d. h. gleichzeitig, daß eine Lösung, die eine partiale Verbesserung aufweist, mit einer Verschlechterung hinsichtlich eines anderen Attributes verbunden ist (vgl. o. V. 1993 b, S. 2537 f.].
part worth	Teilnutzen; Nutzen eines Attributes als Beitrag zum Gesamtnutzen eines Produktes [vgl. u. a. Müller-Hagedorn, 1993, S. 123]. Grundlage dieses Ansatzes ist die Gültigkeit der additiven Wertfunktion [vgl. z. B. Eisenführ, 1994, S. 260 f.]. Die Bestimmung des Teilnutzens ist ein Ergebnis der Conjoint Analyse.
producer surplus	Differenz zwischen Preis und Kosten inclusive Return on Capital in jedem Glied der Kette [Hanna, 1990, S. 58].
Produktwert	value in use
Profilmethode	Bestimmung des Stimulus aus einer Kombination je einer Ausprägung aller Eigenschaften [Backhaus, 1990 b, S. 239].
Relationen	Relationen (auch Beziehungen) verknüpfen Objekte über ihre Attributausprägungen zu komplexeren Objekten [Schneeweiß, 1991, S. 19].

Stimulus		Fiktives Produkt, welches im Rahmen der Conjoint Analysis von Auskunftspersonen bewertet wird; Kombination von Eigenschaftsausprägungen [Backhaus, 1994, S. 505].
substitutes chain		Ersatzkette; dient der Analyse der relativen Kosten, die durch Opportunitätskosten und Alternativprodukte entstehen [Hanna, 1990, S. 657 f.; Hanna, 1991, S. 160].
surplus chain		Mehrwertkette; ist der Teil der internen Wertkette (industry chain), in der der ökonomische Mehrwert entsteht [Hanna, 1990, S. 57 f.; Hanna, 1991, S. 160].
System		Ein System ist eine abgegrenzte Menge von Objekten, die zueinander in Beziehung stehen [Schneeweiß, 1991, S. 18].
target costs		Zielkosten
Teilfunktion		Mehrere Elementarfunktionen bilden bei gemeinsamer Betrachtung eine Teilfunktion [vgl. Koller, 1985, S. 30]. --> Gesamtfunktion, --> Elementarfunktion
Teilnutzen		--> part worth
Trade-off-Analyse		two-factor-at-a-time tradeoff method [o. V., 1990, S. B-1]; Zwei-Faktor-Methode, bei der zur Bildung der Stimuli im Gegensatz zur full-profil-methode nur zwei Faktoren herangezogen werden [vgl. Backhaus, 1994, S. 506].
use value		Funktionswert
value in use		identisch mit economic value to the customer, Produktwert.
value, perceived		--> Gesamtwert
value, intangible		immaterieller Wert [Reddy, 1991, S. 16].
value engineering		Technik zur Kostenvermeidung im Rahmen der Konstruktion, Wertgestaltung [vgl. o. V., 1987, S. 1].

Anhang A　　　　　Glossar　　　　　　　　　　　　　　- A 7 -

value chain	Wert der Wertschöpfungskette nach Porter bestehend aus 9 generischen Tätigkeiten, 5 Primäraktivitäten, die den eigentlichen Wertschöpfungsprozeß beschreiben und 4 unterstützende Tätigkeiten.
value added	Mehrwert
value analysis	Technik zur Reduktion von Kosten bei gleicher Funktionalität, Wertgestaltung [vgl. o. V., 1987, S. ff.].
value, missing	Unter diesen fehlenden Daten, die aufgrund von Erhebungsfehlern oder weil ...
Wertanalyse	Die Wertanalyse als ein System zum Lösen komplexer Probleme, die nicht oder nicht vollständig algorithmierbar sind, beinhaltet das Zusammenwirken der Systemelemente Methode, Verhaltensweise und Management, bei deren gleichzeitiger gegenseitiger Beeinflussung mit dem Ziel einer Optimierung des Ergebnisses [vgl. o. V., 1987, S. 1].
Wertkette	--> value chain
Wertschöpfungskette	--> value chain
Wertschöpfungsrechnung	Instrument im Rahmen der Verteilungsdiskussion [Scheibe-Lange, 1978, S. 631 ff.]
Zweck eines Systems/ Produktes	Beschreibung dessen, was mit einem System erreicht werden soll [vgl. Koller, 1985, S. 12 f.].
Zwischendesign	--> design, bridging

Anhang B: Auswahl der Attribute

Anwendung	Druck [MPa]	Temperatur [° C]	Nennweite [mm]	Bemerkung
Dampfleitungen				
Zeitbeanspruchte Frischdampfleitungen	18	540	400	Überwachungspflicht für Nennweite > 100 bei 15 MPa und 480 ° C Zeitstandfestigkeit 200 000 h Anfahrzustände 75 000 h Rohrbogen mit einem Mindestradius von 4 d Diagramme für zulässige Aufheizgeschwindigkeit Wanddicke zwischen 40 und 60 mm
Heiße Zwischendampfüberhitzungsleitungen	4	540	1000	Bis Nennweite 600 vorzugsweise nahtloses Rohr Schweißnähte müssen zu 100 % geprüft sein und Mindestnote 2 aufweisen Wärmebehandlung nach dem Schweißen
Kalte Zwischendampfüberhitzungsleitung	4	400	1000	Nicht zeitstandbeansprucht Spannungsinduzierte Korrosion

Sonstige Dampfleitungen				Dampfleitungen innerhalb des Wärmekreislaufes von Kraftwerken, für Heizung und für die Produktionszwecke Standardrohre
Warmwasser- und Heißwasserleitungen				Warmwasser ≤ 115 °C Heißwasser > 115 °C
Speisewasserdruckleitungen	30	250	< 350	
Speisewassersaugleitungen				Standardrohre
Kondensatleitungen (Siedewasserleitungen)	4	240	400	Heißwasser mit Siededruck, durch Entspannung wird Dampf freigesetzt Wasseranteil bei 80 - 90 Massen % siehe Dampf verstärkte Schwingungen und Schläge
Sonstige Heiß- und Warmwasserleitungen				Standardrohre
Kaltwasserleitungen	25		3500 bis 12000	Druckstoßgefährdung Äußerer Korrosionsschutz bei Verlegen unter der Erde
Kühlwasserleitungen				Einsatz von Chlorwasser Hohe Korrosion
Brauchwasser und Feuerlöschwasser				Verschiedene Industriezweige benötigen leicht montierbare und demontierbare Rohrleitungen (Braunkohle, Beregnungsanlagen, Bauindustrie)

Trinkwasser				
Abwasser- und Schlammwasserleitungen				
Deionatleitungen				Deionat ist Wasser höchsten Reinheitsgrades Jede Verunreinigung durch Korrosionsprodukte ist zu vermeiden Keine Lösung von Fe-Ionen
Luftleitungen				Standardrohre
Druckluftleitungen				
Leitungen für flüssige Luft		-141 bis -192		
Sauerstoffleitungen	16			
Rohrleitungen für gasförmigen trockenen Sauerstoff				
Rohrleitungen für gasförmigen feuchten Sauerstoff				
Rohrleitungen für flüssigen Sauerstoff		-183		

Heizgasleitungen	2,5	63	klein	Besondere Anforderungen an die Dichtheit der Schweißnähte Bis PN 40 Standardrohre, ab 64 MPa nahtloses Rohr DIN 17 172: 6.1.3.2: Die Rohre werden im allgemeinen durch doppelseitiges Unterpulverschmelzschweißen oder durch elektr. Preßschweißen hergestellt (vgl. o. V., 1980, S. 1 ff.).
Ölleitungen				
Leitungen für sonstige Produkte				
Vakuumleitungen				
Abgasleitungen	< 10	300 - 600	4000 und mehr	Rost- und säurebeständig
Rohrleitungen für Alkalilaugen (Natron- und Kalilaugen)				Auskristallisieren und Spannungskorrosion
Acetylenleitungen	0,15			
Rohrleitungen für technische Gase				
Rohrleitungen für tiefe Temperaturen		< 0		
Abblaseleitungen				
Entwässerungsleitungen				

Dosierleitungen				Oszillation
Begleitheizung				

[vgl. o. V., 1989 b, S. 23 ff.]

Bild B 1: Anwendungen für Rohrleitungen

Anwendungsparameter	Produktattribute
Maximaler Massenstrom	Maximaler Nenndruck, Maximale Durchflußgeschwindigkeit, Maximale Nennweite, Allgemeine Werkstoffkennwerte
Maximale Durchflußgeschwindigkeit	Allgemeine Werkstoffkennwerte
Maximaler Nenndruck	Maximale Wanddicke, Allgemeine Werkstoffkennwerte Feinkörnigkeit
Zeitstandfestigkeit	Korrosion, Konstruktion, Allgemeine Werkstoffkennwerte Feinkörnigkeit
Beanspruchung durch Anfahrzustände	Zulässige Aufheizgeschwindigkeit, Allgemeine Werkstoffkennwerte Feinkörnigkeit
Belastbarkeit von Radien	Allgemeine Werkstoffkennwerte, Konstruktion Feinkörnigkeit
Biegbarkeit	Allgemeine Werkstoffkennwerte Feinkörnigkeit
Verschiedene Arten der Korrosion: - Spannungsinduzierte Korrosion - Korrosion durch Wasser-Dampf-Gemisch - Äußere Korrosion - Korrosion durch Säuren und Basen - Auskristallisieren	Werkstoffkennwerte bzgl. Korrosion

Anhang B   Auswahl der Attribute   - B 7 -

Belastungen durch
  - Schwingungen
  - Schläge
  - Druckstoß
	Allgemeine Werkstoffkennwerte
	Feinkörnigkeit

Besonders hohe Anforderungen an die Reinheit	Allgemeine Werkstoffkennwerte, Unlöslichkeit des Werkstoffes, Keine Reaktion mit dem Medium
Besonders hohe Anforderungen an die Dichtheit der Schweißnähte (Gasrohre)	Schweißnähte hoher Güte
Tiefe Temperaturen	Allgemeine Werkstoffkennwerte Beständigkeit bei tiefen Temperaturen
	Mögliche Werkstoffe

Bild B 2: Anwendungsparameter und Produktattribute

Vorteile	Nachteile
Prozeß	
- Geringe Wärmeleistung - Ruhiger Schweißprozeß - Getrennte Regelung von Wärmeeinbringung und Abschmelzleistung - Schweißen ohne Zusatzwerkstoff möglich	- Geringe Schweißgeschwindigkeit (10 bis 20 cm / min) - Einlagige Schweißung nur bis ca. 4 mm möglich
Werkstück	
- Fast alle Metalle schweißbar - Automatischer Betrieb oder Handbetrieb möglich - Geringe Blechdicken schweißbar - Gute Nahtoberfläche - Keine Spritzer	- Hohe Wärmebeeinflußung (Aufhärtung, Verzug) - Aufwendige Nahtvorbereitung
Anlage	
- Geringe Investitionskosten	

[vgl. Eichhorn, 1983, S. 63 ff.]

Bild B 3: Vor- und Nachteile des WIG-Schweiß-Verfahrens

Vorteile:	Nachteile
Prozeß	
- Hohe Leistungsdichte - Kleiner Strahldurchmesser - Hohe Schweißgeschwindigkeit - Berührungsloses Werkzeug - Schweißen unter Atmosphäre möglich	- Hohe Reflexion an Metallen - Begrenzte Einschweißtiefe (≤ 25 mm)
Werkstück	
- Minimale thermische Belastung - Geringer Verzug - Schweißen fertig bearbeiteter Teile möglich - Schweißen an schwer zugänglichen Stellen - Unterschiedliche Werkstoffe schweißbar	- Aufwendige Nahtvorbereitungen - Exakte Positionierung notwendig - Aufhärtungsgefahr - Rißgefahr - Al, Cu schwer schweißbar
Anlage	
- Kurze Taktzeiten - Mehrstationenbetrieb möglich - Anlagenverfügbarkeit > 90 % - Gut automatisierbar	- Aufwendige Stahlführung und -formung - Leistungsverluste an optischen Elementen - Schutz vor Laserstrahlung notwendig - Hohe Investitionskosten - Schlechter Wirkungsgrad

[vgl. Dilthey, 1991, S. 97 ff.]
Bild B 4: Vor- und Nachteile des Laser-Schweiß-Verfahrens

Produktattribute:	Veränderung:
- Allgemeine Werkstoffkennwerte	↑
- Feinkörnigkeit	↑
- Anfälligkeit gegen Korrosion	↓
- Zulässige Aufheizgeschwindigkeit	↓
- Max. Wanddicke	↓
- Biegbarkeit	↑

	Legende:	↑	Verstärkung
		↓	Abschwächung

Bild B 5: Veränderung relevanter Produktattribute

Anhang C   Darstellung der Stimuli   - C 1 -

Anhang C: Darstellung der Stimuli

Bewertung unterschiedlicher Kombinationen von Attributsausprägungen für Rohranwendungen		Stimulus 2	
Attribute	Ausprägungen	☒ vorhanden ☐ nicht vorhanden	
Nahtausprägung*	nahtlos ☐	Naht A ☒	Naht B ☐
Wärmebehandlung	geglüht ☒	nicht geglüht ☐	
Porenausprägung	wenig ☐	vereinzelt ☒	keine ☐
Prüfstatus gemäß DIN 17457/17458	ungeprüft ☒	PU 1 ☐	PU 2 ☐
Preis	11,50 DM ☐	18,- DM ☒	24,- DM ☐

Legende: PU   Prüfungsumfang
*   Nahtausprägung gem. Rohrspezifikation

Bild C 1: Präsentationsbogen für Stimulus 2

Bewertung unterschiedlicher Kombinationen von Attributsausprägungen für Rohranwendungen — Stimulus 3

Attribute	Ausprägungen	☒ vorhanden ☐ nicht vorhanden	
Nahtausprägung*	nahtlos ☒	Naht A ☐	Naht B ☐
Wärmebehandlung	geglüht ☐	nicht geglüht ☒	
Porenausprägung	wenig ☐	vereinzelt ☐	keine ☒
Prüfstatus gemäß DIN 17457/17458	ungeprüft ☐	PU 1 ☐	PU 2 ☒
Preis	11,50 DM ☐	18,- DM ☒	24,- DM ☐

Legende: PU Prüfungsumfang
* Nahtausprägung gem. Rohrspezifikation

Bild C 2: Präsentationsbogen für Stimulus 3

Anhang C   Darstellung der Stimuli   - C 3 -

Bewertung unterschiedlicher Kombinationen von Attributsausprägungen für Rohranwendungen

Stimulus 4

Ausprägungen: ☒ vorhanden / ☐ nicht vorhanden

Attribute	Ausprägungen		
Nahtausprägung*	nahtlos ☐	Naht A ☒	Naht B ☐
Wärmebehandlung	geglüht ☐	nicht geglüht ☒	
Porenausprägung	wenig ☒	vereinzelt ☐	keine ☐
Prüfstatus gemäß DIN 17457/17458	ungeprüft ☐	PU 1 ☒	PU 2 ☐
Preis	11,50 DM ☐	18,- DM ☐	24,- DM ☒

Legende: PU   Prüfungsumfang
*   Nahtausprägung gem. Rohrspezifikation

Bild C 3: Präsentationsbogen für Stimulus 4

Bewertung unterschiedlicher Kombinationen von Attributsausprägungen für Rohranwendungen

Stimulus 5

Attribute	Ausprägungen	☒ vorhanden ☐ nicht vorhanden	
Nahtausprägung*	nahtlos ☒	Naht A ☐	Naht B ☐
Wärmebehandlung	geglüht ☐	nicht geglüht ☒	
Porenausprägung	wenig ☒	vereinzelt ☐	keine ☐
Prüfstatus gemäß DIN 17457/17458	ungeprüft ☒	PU 1 ☐	PU 2 ☐
Preis	11,50 DM ☐	18,- DM ☒	24,- DM ☐

Legende: PU Prüfungsumfang
* Nahtausprägung gem. Rohrspezifikation

Bild C 4: Präsentationsbogen für Stimulus 5

Anhang C   Darstellung der Stimuli   - C 5 -

Bewertung unterschiedlicher Kombinationen von Attributsausprägungen für Rohranwendungen

Stimulus 6

Attribute	Ausprägungen	☒ vorhanden ☐ nicht vorhanden	
Nahtausprägung*	nahtlos ☒	Naht A ☐	Naht B ☐
Wärmebehandlung	geglüht ☒	nicht geglüht ☐	
Porenausprägung	wenig ☒	vereinzelt ☐	keine ☐
Prüfstatus gemäß DIN 17457/17458	ungeprüft ☒	PU 1 ☐	PU 2 ☐
Preis	11,50 DM ☐	18,- DM ☐	24,- DM ☒

Legende: PU   Prüfungsumfang
*   Nahtausprägung gem. Rohrspezifikation

Bild C 5: Präsentationsbogen für Stimulus 6

Bewertung unterschiedlicher Kombinationen von Attributsausprägungen für Rohranwendungen

Stimulus 7

Attribute	Ausprägungen	☒ vorhanden ☐ nicht vorhanden	
Nahtausprägung*	nahtlos ☐	Naht A ☒	Naht B ☐
Wärmebehandlung	geglüht ☐	nicht geglüht ☒	
Porenausprägung	wenig ☒	vereinzelt ☐	keine ☐
Prüfstatus gemäß DIN 17457/17458	ungeprüft ☐	PU 1 ☐	PU 2 ☒
Preis	11,50 DM ☒	18,- DM ☐	24,- DM ☐

Legende: PU   Prüfungsumfang
*   Nahtausprägung gem. Rohrspezifikation

Bild C 6: Präsentationsbogen für Stimulus 7

Anhang C   Darstellung der Stimuli   - C 7 -

Bewertung unterschiedlicher Kombinationen von Attributsausprägungen für Rohranwendungen			Stimulus 8
Attribute	Ausprägungen	☒ vorhanden ☐ nicht vorhanden	
Nahtausprägung*	nahtlos ☒	Naht A ☐	Naht B ☐
Wärmebehandlung	geglüht ☒	nicht geglüht ☐	
Porenausprägung	wenig ☐	vereinzelt ☒	keine ☐
Prüfstatus gemäß DIN 17457/17458	ungeprüft ☐	PU 1 ☐	PU 2 ☒
Preis	11,50 DM ☐	18,- DM ☐	24,- DM ☒

Legende: PU   Prüfungsumfang
*   Nahtausprägung gem. Rohrspezifikation

Bild C 7: Präsentationsbogen für Stimulus 8

Bewertung unterschiedlicher Kombinationen von Attributsausprägungen für Rohranwendungen

Stimulus 9

Attribute	Ausprägungen	☒ vorhanden ☐ nicht vorhanden	
Nahtausprägung*	nahtlos ☐	Naht A ☐	Naht B ☒
Wärmebehandlung	geglüht ☐	nicht geglüht ☒	
Porenausprägung	wenig ☐	vereinzelt ☒	keine ☐
Prüfstatus gemäß DIN 17457/17458	ungeprüft ☒	PU 1 ☐	PU 2 ☐
Preis	11,50 DM ☒	18,- DM ☐	24,- DM ☐

Legende: PU   Prüfungsumfang
*   Nahtausprägung gem. Rohrspezifikation

Bild C 8: Präsentationsbogen für Stimulus 9

Anhang C   Darstellung der Stimuli   - C 9 -

Bewertung unterschiedlicher Kombinationen von Attributsausprägungen für Rohranwendungen

Stimulus 10

Attribute	Ausprägungen	☒ vorhanden ☐ nicht vorhanden	
Nahtausprägung*	nahtlos ☐	Naht A ☐	Naht B ☒
Wärmebehandlung	geglüht ☒	nicht geglüht ☐	
Porenausprägung	wenig ☒	vereinzelt ☐	keine ☐
Prüfstatus gemäß DIN 17457/17458	ungeprüft ☐	PU 1 ☒	PU 2 ☐
Preis	11,50 DM ☐	18,- DM ☒	24,- DM ☐

Legende: PU   Prüfungsumfang
*   Nahtausprägung gem. Rohrspezifikation

Bild C 9: Präsentationsbogen für Stimulus 10

Bewertung unterschiedlicher Kombinationen von Attributsausprägungen für Rohranwendungen

Stimulus 11

☒ vorhanden
☐ nicht vorhanden

Attribute	Ausprägungen		
Nahtausprägung*	nahtlos ☒	Naht A ☐	Naht B ☐
Wärmebehandlung	geglüht ☒	nicht geglüht ☐	
Porenausprägung	wenig ☒	vereinzelt ☐	keine ☐
Prüfstatus gemäß DIN 17457/17458	ungeprüft ☒	PU 1 ☐	PU 2 ☐
Preis	11,50 DM ☒	18,- DM ☐	24,- DM ☐

Legende: PU   Prüfungsumfang
*   Nahtausprägung gem. Rohrspezifikation

Bild C 10: Präsentationsbogen für Stimulus 11

Anhang C Darstellung der Stimuli - C 11 -

Bewertung unterschiedlicher Kombinationen von Attributsausprägungen für Rohranwendungen

Stimulus 12

Attribute	Ausprägungen	☒ vorhanden ☐ nicht vorhanden	
Nahtausprägung*	nahtlos ☐	Naht A ☒	Naht B ☐
Wärmebehandlung	geglüht ☒	nicht geglüht ☐	
Porenausprägung	wenig ☐	vereinzelt ☐	keine ☒
Prüfstatus gemäß DIN 17457/17458	ungeprüft ☒	PU 1 ☐	PU 2 ☐
Preis	11,50 DM ☒	18,- DM ☐	24,- DM ☐

Legende: PU Prüfungsumfang
* Nahtausprägung gem. Rohrspezifikation

Bild C 11: Präsentationsbogen für Stimulus 12

- C 12 - Darstellung der Stimuli Anhang C

Bewertung unterschiedlicher Kombinationen von Attributsausprägungen für Rohranwendungen			Stimulus 13	
Attribute	Ausprägungen		☒ vorhanden ☐ nicht vorhanden	
Nahtausprägung*	nahtlos ☒	Naht A ☐		Naht B ☐
Wärmebehandlung	geglüht ☐	nicht geglüht ☒		
Porenausprägung	wenig ☒	vereinzelt ☐		keine ☐
Prüfstatus gemäß DIN 17457/17458	ungeprüft ☒	PU 1 ☐		PU 2 ☐
Preis	11,50 DM ☒	18,- DM ☐		24,- DM ☐

Legende: PU Prüfungsumfang
* Nahtausprägung gem. Rohrspezifikation

Bild C 12: Präsentationsbogen für Stimulus 13

Anhang C　　　　Darstellung der Stimuli　　　　- C 13 -

Bewertung unterschiedlicher Kombinationen von Attributsausprägungen für Rohranwendungen

Stimulus 14

☒ vorhanden
☐ nicht vorhanden

Attribute	Ausprägungen		
Nahtausprägung*	nahtlos ☐	Naht A ☐	Naht B ☒
Wärmebehandlung	geglüht ☒	nicht geglüht ☐	
Porenausprägung	wenig ☒	vereinzelt ☐	keine ☐
Prüfstatus gemäß DIN 17457/17458	ungeprüft ☐	PU 1 ☐	PU 2 ☒
Preis	11,50 DM ☒	18,- DM ☐	24,- DM ☐

Legende:　PU　Prüfungsumfang
　　　　　*　Nahtausprägung gem. Rohrspezifikation

Bild C 13: Präsentationsbogen für Stimulus 14

Bewertung unterschiedlicher Kombinationen von Attributsausprägungen für Rohranwendungen

Stimulus 15

☒ vorhanden
☐ nicht vorhanden

Attribute	Ausprägungen		
Nahtausprägung*	nahtlos ☒	Naht A ☐	Naht B ☐
Wärmebehandlung	geglüht ☐	nicht geglüht ☒	
Porenausprägung	wenig ☐	vereinzelt ☒	keine ☐
Prüfstatus gemäß DIN 17457/17458	ungeprüft ☐	PU 1 ☒	PU 2 ☐
Preis	11,50 DM ☒	18,- DM ☐	24,- DM ☐

Legende: PU Prüfungsumfang
* Nahtausprägung gem. Rohrspezifikation

Bild C 14: Präsentationsbogen für Stimulus 15

Anhang C   Darstellung der Stimuli   - C 15 -

Bewertung unterschiedlicher Kombinationen von Attributsausprägungen für Rohranwendungen	Stimulus 16

Attribute	Ausprägungen	☒ vorhanden ☐ nicht vorhanden	
Nahtausprägung*	nahtlos ☒	Naht A ☐	Naht B ☐
Wärmebehandlung	geglüht ☒	nicht geglüht ☐	
Porenausprägung	wenig ☐	vereinzelt ☐	keine ☒
Prüfstatus gemäß DIN 17457/17458	ungeprüft ☒	PU 1 ☐	PU 2 ☐
Preis	11,50 DM ☒	18,- DM ☐	24,- DM ☐

Legende: PU   Prüfungsumfang
*   Nahtausprägung gem. Rohrspezifikation

Bild C 15: Präsentationsbogen für Stimulus 16

Anhang D: Ergebnisse der Conjoint Analyse

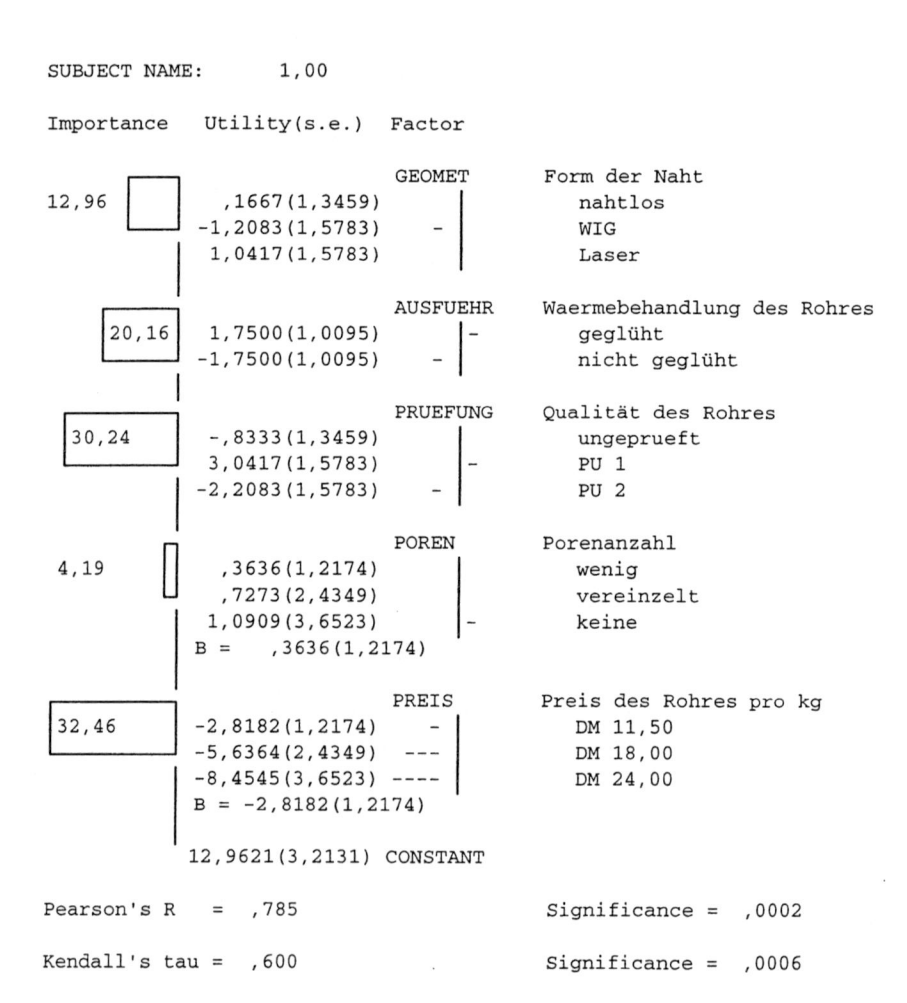

```
SUBJECT NAME:      1,00

Importance    Utility(s.e.)    Factor

                              GEOMET    Form der Naht
12,96         ,1667(1,3459)             nahtlos
             -1,2083(1,5783)      -     WIG
              1,0417(1,5783)             Laser

                              AUSFUEHR  Waermebehandlung des Rohres
20,16         1,7500(1,0095)      -     geglüht
             -1,7500(1,0095)      -     nicht geglüht

                              PRUEFUNG  Qualität des Rohres
30,24        -,8333(1,3459)             ungeprueft
              3,0417(1,5783)      -     PU 1
             -2,2083(1,5783)      -     PU 2

                              POREN     Porenanzahl
4,19          ,3636(1,2174)             wenig
              ,7273(2,4349)             vereinzelt
              1,0909(3,6523)     -      keine
         B =  ,3636(1,2174)

                              PREIS     Preis des Rohres pro kg
32,46        -2,8182(1,2174)     -      DM 11,50
             -5,6364(2,4349)    ---     DM 18,00
             -8,4545(3,6523)   ----     DM 24,00
         B = -2,8182(1,2174)

              12,9621(3,2131) CONSTANT

Pearson's R   =  ,785           Significance =  ,0002

Kendall's tau =  ,600           Significance =  ,0006
```

Bild D 1: Ergebnisse der Conjoint-Analyse 1 (Abgasrohre)

Anhang D Conjoint Analysen - D 2 -

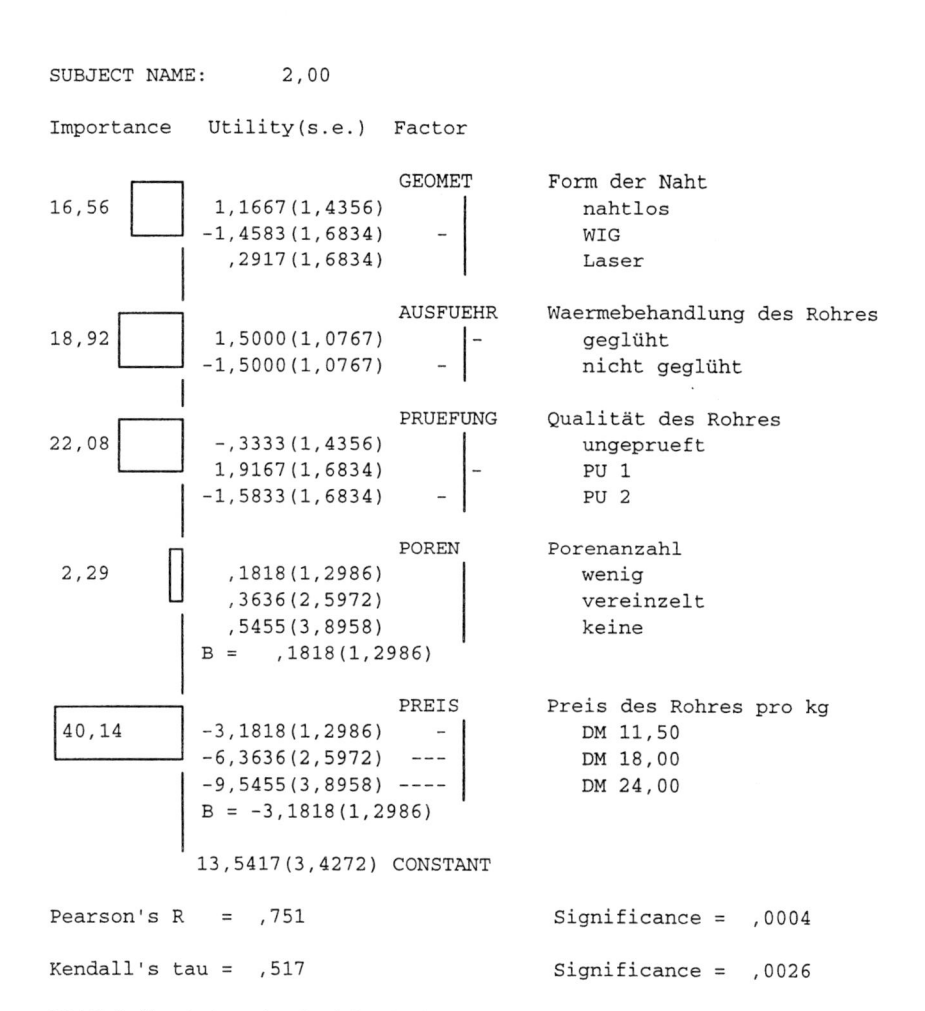

```
SUBJECT NAME:    2,00

Importance  Utility(s.e.)  Factor

                          GEOMET      Form der Naht
16,56       1,1667(1,4356)             nahtlos
           -1,4583(1,6834)      -      WIG
            ,2917(1,6834)               Laser

                          AUSFUEHR    Waermebehandlung des Rohres
18,92       1,5000(1,0767)      -      geglüht
           -1,5000(1,0767)      -      nicht geglüht

                          PRUEFUNG    Qualität des Rohres
22,08      -,3333(1,4356)              ungeprueft
            1,9167(1,6834)      -      PU 1
           -1,5833(1,6834)      -      PU 2

                          POREN       Porenanzahl
 2,29       ,1818(1,2986)              wenig
            ,3636(2,5972)              vereinzelt
            ,5455(3,8958)              keine
       B =  ,1818(1,2986)

                          PREIS       Preis des Rohres pro kg
40,14      -3,1818(1,2986)      -      DM 11,50
           -6,3636(2,5972)     ---     DM 18,00
           -9,5455(3,8958)    ----     DM 24,00
       B = -3,1818(1,2986)

           13,5417(3,4272) CONSTANT

Pearson's R  =  ,751          Significance =  ,0004

Kendall's tau = ,517          Significance =  ,0026
```

Bild D 2: Ergebnisse der Conjoint-Analyse 2 (Abgasrohre)

Conjoint Analysen

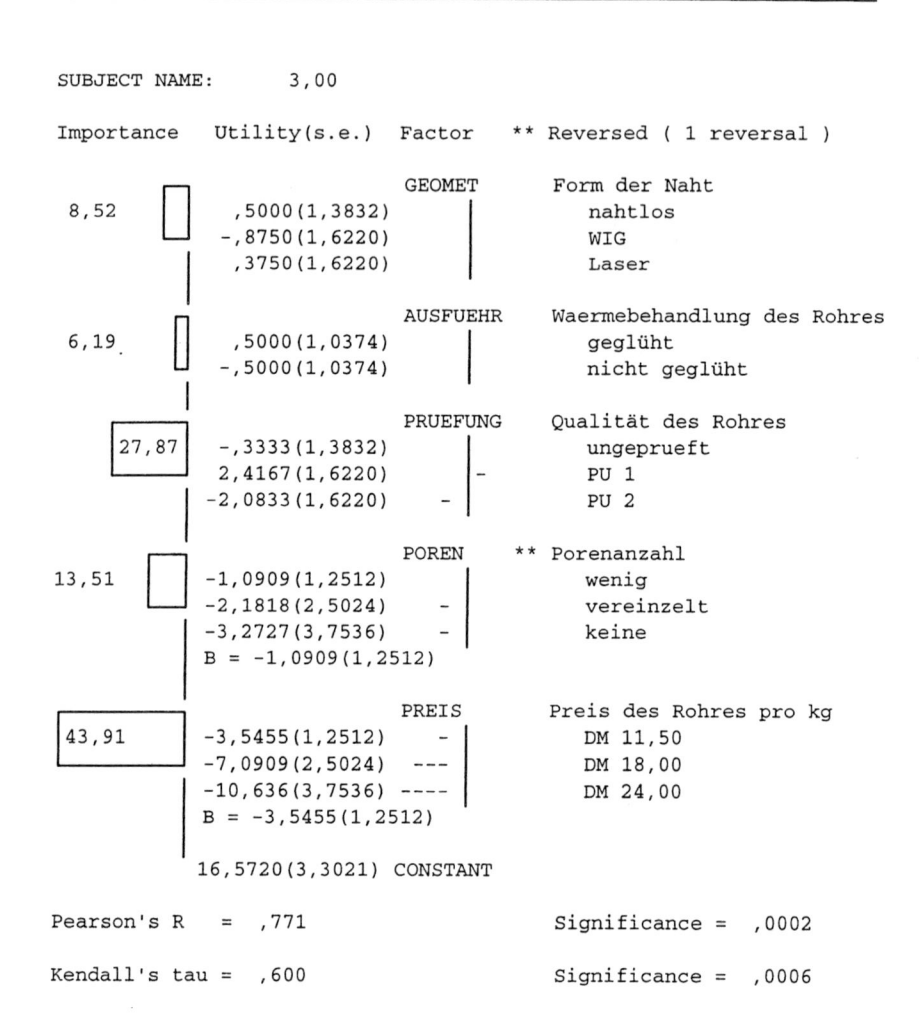

SUBJECT NAME: 3,00

Importance   Utility(s.e.)   Factor   ** Reversed (1 reversal)

```
                          GEOMET      Form der Naht
   8,52      ,5000(1,3832)             nahtlos
            -,8750(1,6220)             WIG
             ,3750(1,6220)             Laser

                          AUSFUEHR    Waermebehandlung des Rohres
   6,19      ,5000(1,0374)             geglüht
            -,5000(1,0374)             nicht geglüht

                          PRUEFUNG    Qualität des Rohres
  27,87     -,3333(1,3832)             ungeprueft
            2,4167(1,6220)       -     PU 1
           -2,0833(1,6220)       -     PU 2

                          POREN       ** Porenanzahl
  13,51     -1,0909(1,2512)            wenig
           -2,1818(2,5024)       -     vereinzelt
           -3,2727(3,7536)       -     keine
         B = -1,0909(1,2512)

                          PREIS       Preis des Rohres pro kg
  43,91     -3,5455(1,2512)       -    DM 11,50
            -7,0909(2,5024)      ---   DM 18,00
           -10,636(3,7536)      ----   DM 24,00
         B = -3,5455(1,2512)

         16,5720(3,3021)  CONSTANT
```

Pearson's R   = ,771   Significance = ,0002

Kendall's tau = ,600   Significance = ,0006

Bild D 3: Ergebnisse der Conjoint-Analyse 3 (Abgasrohre)

SUBJECT NAME: 4,00

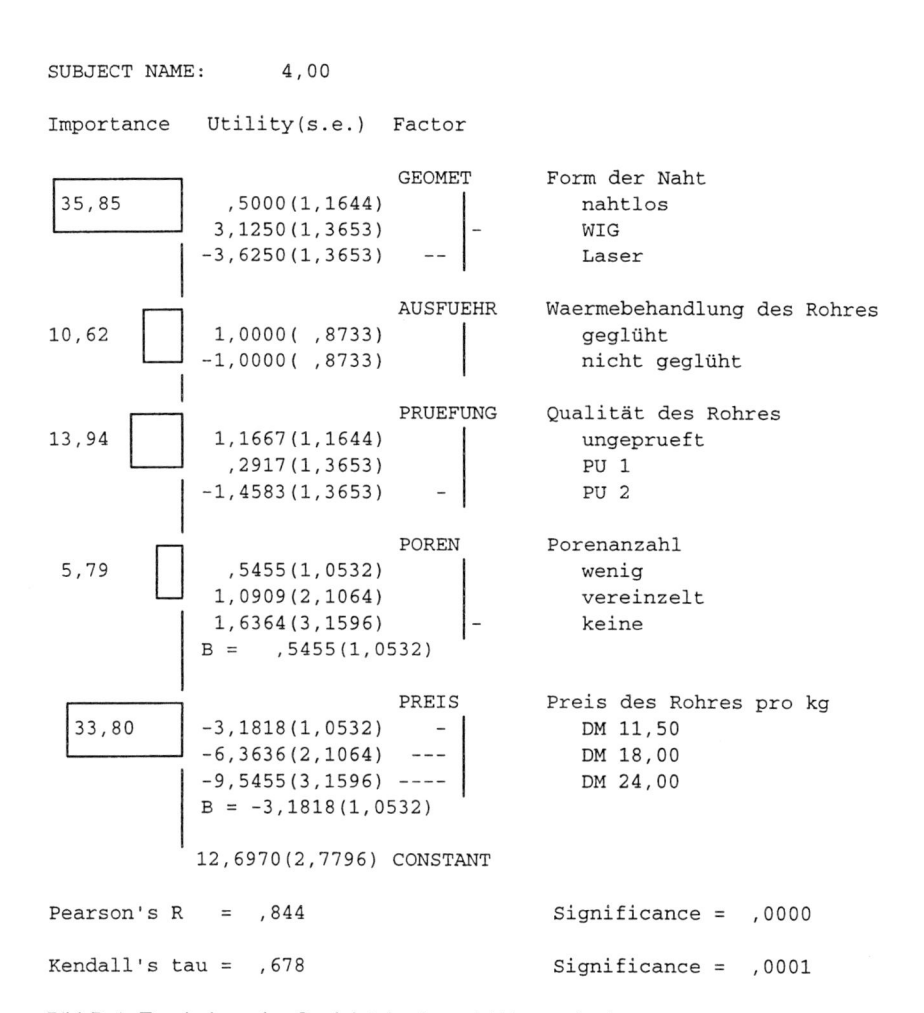

Importance   Utility(s.e.)   Factor

		GEOMET	Form der Naht
35,85	,5000(1,1644)		nahtlos
	3,1250(1,3653)	-	WIG
	-3,6250(1,3653)	--	Laser

		AUSFUEHR	Waermebehandlung des Rohres
10,62	1,0000(,8733)		geglüht
	-1,0000(,8733)		nicht geglüht

		PRUEFUNG	Qualität des Rohres
13,94	1,1667(1,1644)		ungeprueft
	,2917(1,3653)		PU 1
	-1,4583(1,3653)	-	PU 2

		POREN	Porenanzahl
5,79	,5455(1,0532)		wenig
	1,0909(2,1064)		vereinzelt
	1,6364(3,1596)	-	keine
	B = ,5455(1,0532)		

		PREIS	Preis des Rohres pro kg
33,80	-3,1818(1,0532)	-	DM 11,50
	-6,3636(2,1064)	---	DM 18,00
	-9,5455(3,1596)	----	DM 24,00
	B = -3,1818(1,0532)		

12,6970(2,7796) CONSTANT

Pearson's R   = ,844   Significance = ,0000

Kendall's tau = ,678   Significance = ,0001

Bild D 4: Ergebnisse der Conjoint-Analyse 4 (Abgasrohre)

Conjoint Analysen

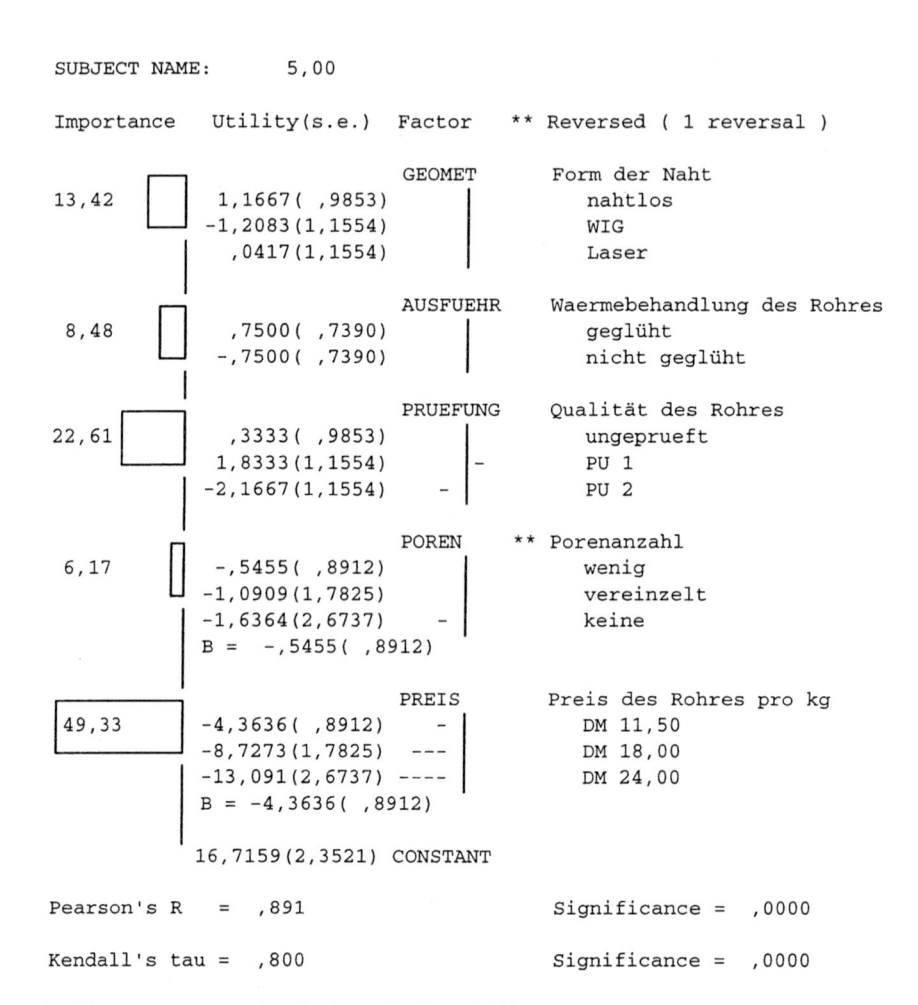

SUBJECT NAME: 5,00

```
Importance   Utility(s.e.)   Factor       ** Reversed ( 1 reversal )

                             GEOMET       Form der Naht
13,42        1,1667(  ,9853)                 nahtlos
            -1,2083(1,1554)                  WIG
              ,0417(1,1554)                  Laser

                             AUSFUEHR     Waermebehandlung des Rohres
 8,48         ,7500(  ,7390)                 geglüht
             -,7500(  ,7390)                 nicht geglüht

                             PRUEFUNG     Qualität des Rohres
22,61         ,3333(  ,9853)                 ungeprueft
             1,8333(1,1554)      -           PU 1
            -2,1667(1,1554)      -           PU 2

                             POREN        ** Porenanzahl
 6,17        -,5455(  ,8912)                 wenig
            -1,0909(1,7825)                  vereinzelt
            -1,6364(2,6737)      -           keine
         B = -,5455(  ,8912)

                             PREIS        Preis des Rohres pro kg
49,33       -4,3636(  ,8912)     -           DM 11,50
            -8,7273(1,7825)    ---           DM 18,00
           -13,091 (2,6737)   ----           DM 24,00
         B = -4,3636(  ,8912)

            16,7159(2,3521) CONSTANT

Pearson's R    =  ,891           Significance  =  ,0000

Kendall's tau  =  ,800           Significance  =  ,0000
```

Bild D 5: Ergebnisse der Conjoint-Analyse 5 (Abgasrohre)

Anhang D   Conjoint Analysen   - D 6 -

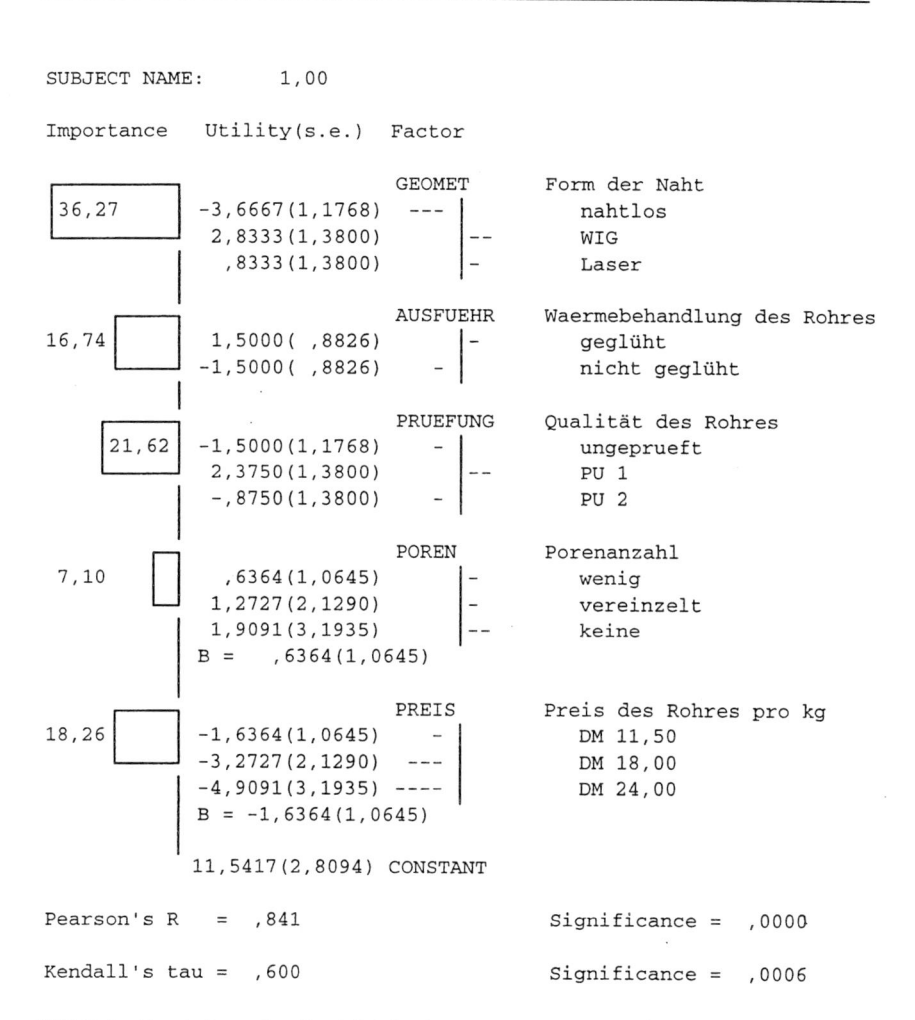

SUBJECT NAME: 1,00

Importance   Utility(s.e.)   Factor

```
                        GEOMET    Form der Naht
  36,27    -3,6667(1,1768)   ---    nahtlos
           2,8333(1,3800)    --     WIG
            ,8333(1,3800)    -      Laser

                        AUSFUEHR   Waermebehandlung des Rohres
  16,74     1,5000( ,8826)   -      geglüht
           -1,5000( ,8826)   -      nicht geglüht

                        PRUEFUNG   Qualität des Rohres
  21,62    -1,5000(1,1768)   -      ungeprueft
           2,3750(1,3800)    --     PU 1
           -,8750(1,3800)    -      PU 2

                        POREN     Porenanzahl
   7,10     ,6364(1,0645)    -      wenig
           1,2727(2,1290)    -      vereinzelt
           1,9091(3,1935)    --     keine
      B =   ,6364(1,0645)

                        PREIS     Preis des Rohres pro kg
  18,26    -1,6364(1,0645)   -      DM 11,50
           -3,2727(2,1290)   ---    DM 18,00
           -4,9091(3,1935)   ----   DM 24,00
      B = -1,6364(1,0645)

           11,5417(2,8094) CONSTANT
```

Pearson's R   = ,841   Significance = ,0000

Kendall's tau = ,600   Significance = ,0006

Bild D 6: Ergebnisse der Conjoint-Analyse 1 (Rohre für verfahrenstechnische Anwendungen)

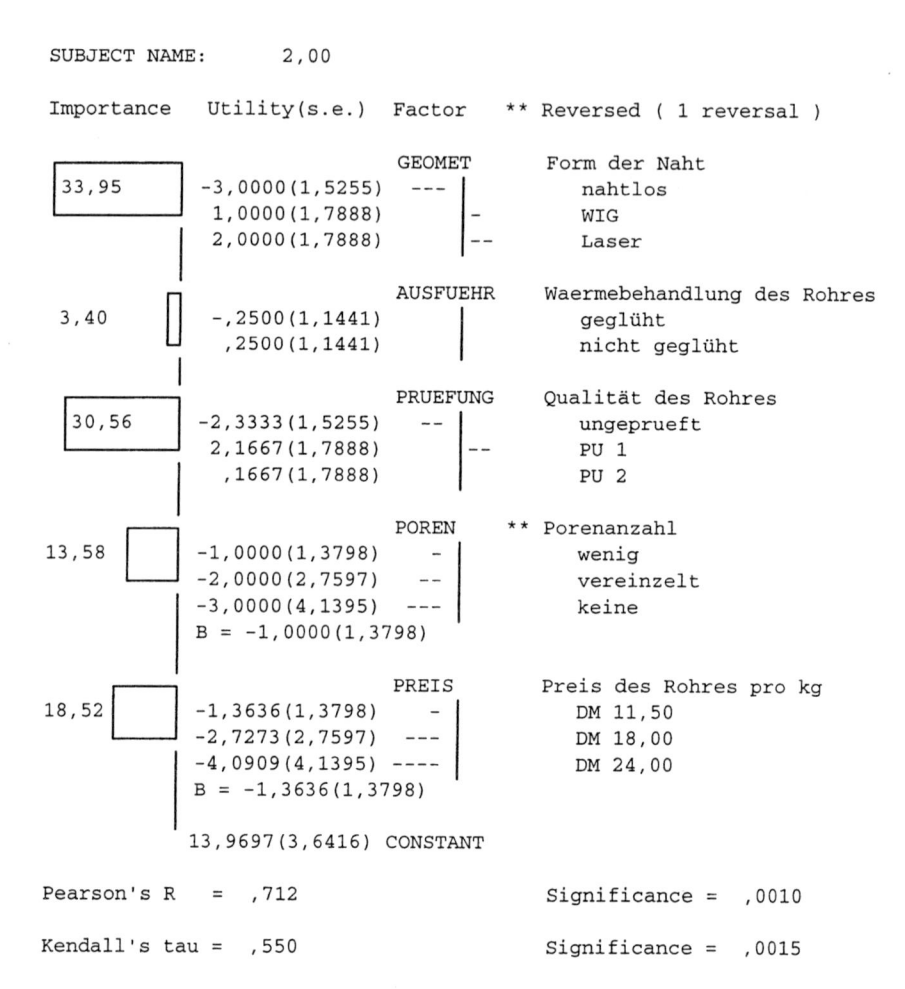

```
SUBJECT NAME:      2,00

Importance     Utility(s.e.)     Factor     ** Reversed ( 1 reversal )

                                 GEOMET      Form der Naht
   33,95       -3,0000(1,5255)    ---           nahtlos
                1,0000(1,7888)     -            WIG
                2,0000(1,7888)    --            Laser

                                 AUSFUEHR     Waermebehandlung des Rohres
    3,40        -,2500(1,1441)                    geglüht
                 ,2500(1,1441)                    nicht geglüht

                                 PRUEFUNG     Qualität des Rohres
   30,56       -2,3333(1,5255)    --            ungeprueft
                2,1667(1,7888)    --            PU 1
                 ,1667(1,7888)                  PU 2

                                 POREN       ** Porenanzahl
   13,58       -1,0000(1,3798)     -             wenig
               -2,0000(2,7597)    --             vereinzelt
               -3,0000(4,1395)   ---             keine
            B = -1,0000(1,3798)

                                 PREIS        Preis des Rohres pro kg
   18,52       -1,3636(1,3798)     -            DM 11,50
               -2,7273(2,7597)   ---            DM 18,00
               -4,0909(4,1395)  ----            DM 24,00
            B = -1,3636(1,3798)

              13,9697(3,6416) CONSTANT

Pearson's R    =    ,712              Significance =  ,0010

Kendall's tau  =    ,550              Significance =  ,0015
```

Bild D 7: Ergebnisse der Conjoint-Analyse 2 (Rohre für verfahrenstechnische Anwendungen)

Anhang D　　　　　Conjoint Analysen

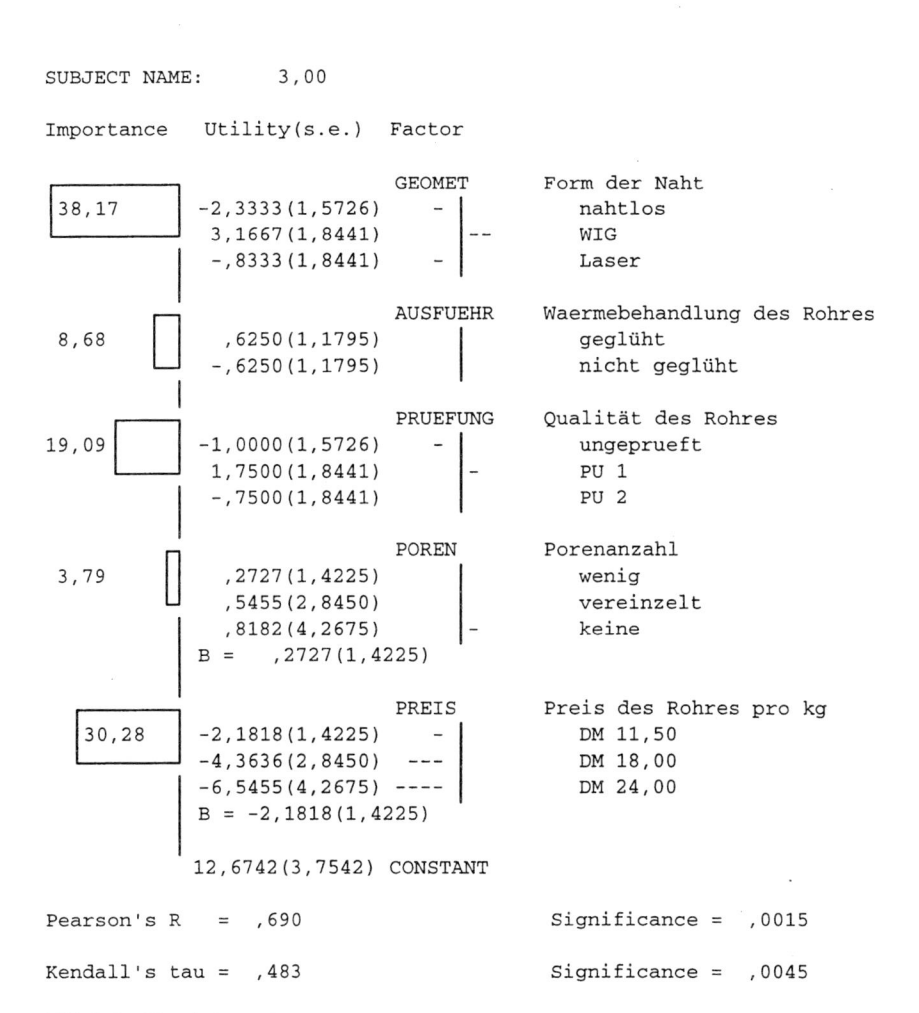

SUBJECT NAME: 3,00

Importance   Utility(s.e.)   Factor

```
                              GEOMET    Form der Naht
  38,17     -2,3333(1,5726)    -          nahtlos
             3,1667(1,8441)    --         WIG
             -,8333(1,8441)    -          Laser

                              AUSFUEHR   Waermebehandlung des Rohres
   8,68      ,6250(1,1795)               geglüht
            -,6250(1,1795)               nicht geglüht

                              PRUEFUNG   Qualität des Rohres
  19,09     -1,0000(1,5726)    -          ungeprueft
             1,7500(1,8441)               PU 1
            -,7500(1,8441)     -          PU 2

                              POREN      Porenanzahl
   3,79      ,2727(1,4225)                wenig
             ,5455(2,8450)                vereinzelt
             ,8182(4,2675)     -          keine
        B =  ,2727(1,4225)

                              PREIS      Preis des Rohres pro kg
  30,28     -2,1818(1,4225)    -          DM 11,50
            -4,3636(2,8450)    ---        DM 18,00
            -6,5455(4,2675)    ----       DM 24,00
        B = -2,1818(1,4225)

             12,6742(3,7542)  CONSTANT
```

Pearson's R   = ,690   Significance = ,0015

Kendall's tau = ,483   Significance = ,0045

Bild D 8: Ergebnisse der Conjoint-Analyse 3 (Rohre für verfahrenstechnische Anwendungen)

SUBJECT NAME: 4,00

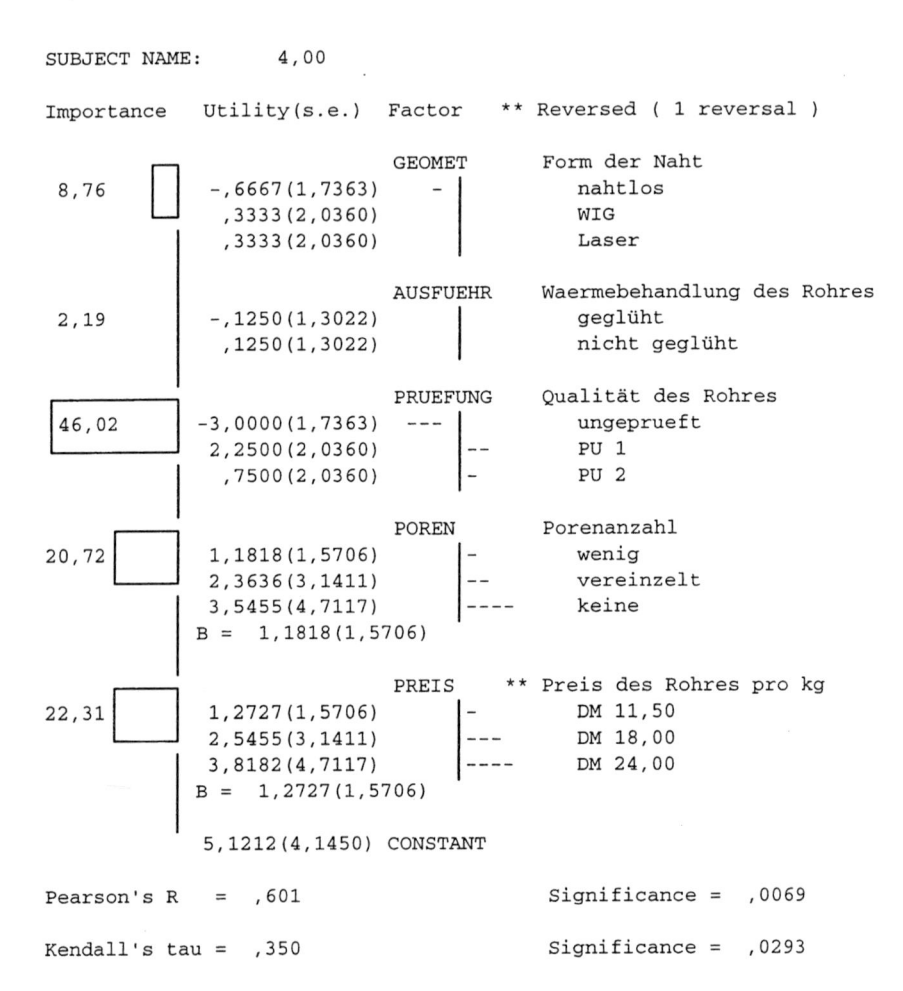

Importance   Utility(s.e.)   Factor   ** Reversed (1 reversal)

```
                              GEOMET     Form der Naht
  8,76      ▯   -,6667(1,7363)    -  |      nahtlos
                 ,3333(2,0360)       |      WIG
                 ,3333(2,0360)       |      Laser

                              AUSFUEHR   Waermebehandlung des Rohres
  2,19          -,1250(1,3022)       |      geglüht
                 ,1250(1,3022)       |      nicht geglüht

                              PRUEFUNG   Qualität des Rohres
 46,02      ▮  -3,0000(1,7363)  --- |      ungeprueft
                2,2500(2,0360)   --  |      PU 1
                 ,7500(2,0360)    -  |      PU 2

                              POREN      Porenanzahl
 20,72      ▯   1,1818(1,5706)    -  |      wenig
                2,3636(3,1411)   --  |      vereinzelt
                3,5455(4,7117)   ----|      keine
              B = 1,1818(1,5706)

                              PREIS     ** Preis des Rohres pro kg
 22,31      ▯   1,2727(1,5706)    -  |      DM 11,50
                2,5455(3,1411)   ---  |      DM 18,00
                3,8182(4,7117)   ---- |      DM 24,00
              B = 1,2727(1,5706)

              5,1212(4,1450) CONSTANT
```

Pearson's R   = ,601   Significance = ,0069

Kendall's tau = ,350   Significance = ,0293

Bild D 9: Ergebnisse der Conjoint-Analyse 4 (Rohre für verfahrenstechnische Anwendungen)

Anhang D   Conjoint Analysen   - D 10 -

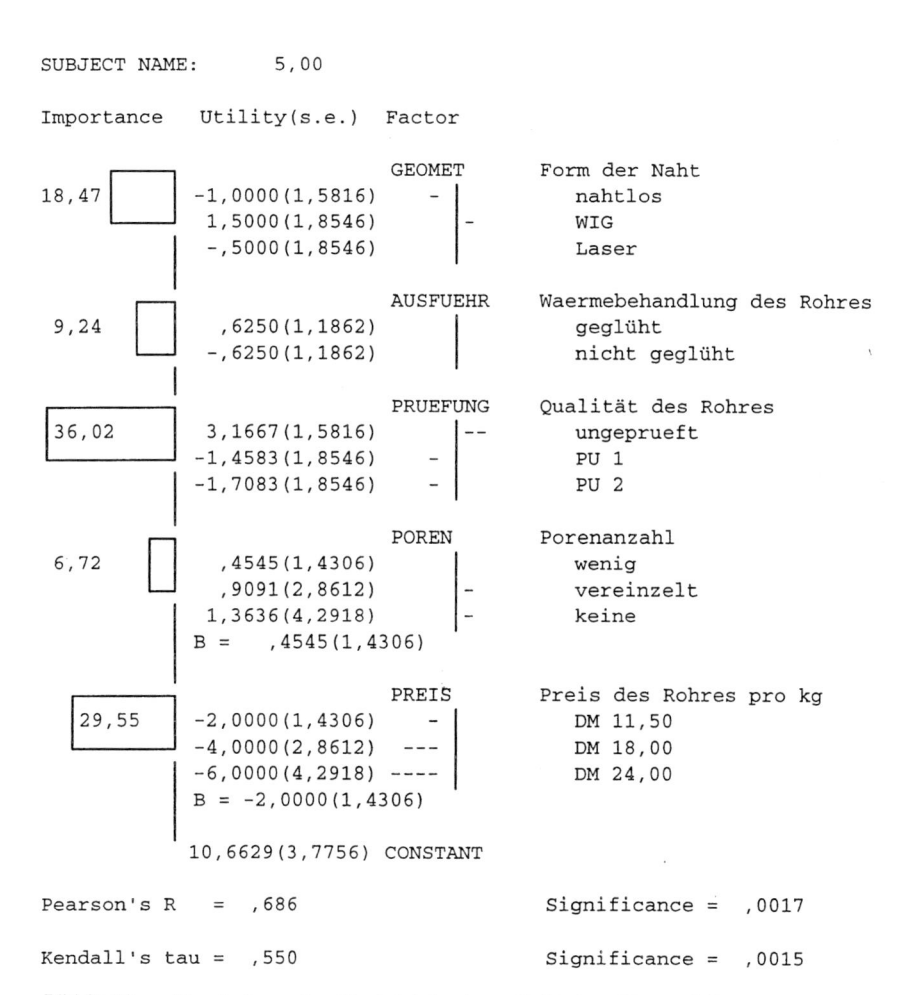

SUBJECT NAME: 5,00

Importance   Utility(s.e.)   Factor

```
                          GEOMET      Form der Naht
18,47   ┌──┐  -1,0000(1,5816)    -          nahtlos
        └──┘   1,5000(1,8546)    -          WIG
               -,5000(1,8546)               Laser

                          AUSFUEHR    Waermebehandlung des Rohres
9,24    ┌──┐    ,6250(1,1862)               geglüht
        └──┘   -,6250(1,1862)               nicht geglüht

                          PRUEFUNG    Qualität des Rohres
┌──────┐       3,1667(1,5816)    --         ungeprueft
│36,02 │      -1,4583(1,8546)    -          PU 1
└──────┘      -1,7083(1,8546)    -          PU 2

                          POREN       Porenanzahl
6,72    ┌──┐    ,4545(1,4306)               wenig
        └──┘    ,9091(2,8612)    -          vereinzelt
               1,3636(4,2918)    -          keine
          B =   ,4545(1,4306)

                          PREIS       Preis des Rohres pro kg
┌──────┐      -2,0000(1,4306)    -          DM 11,50
│29,55 │      -4,0000(2,8612)   ---         DM 18,00
└──────┘      -6,0000(4,2918)  ----         DM 24,00
          B = -2,0000(1,4306)

          10,6629(3,7756) CONSTANT
```

Pearson's R   =   ,686   Significance =   ,0017

Kendall's tau =   ,550   Significance =   ,0015

Bild D 10:   Ergebnisse der Conjoint-Analyse 5 (Rohre für verfahrenstechnische Anwendungen)

Lebenslauf

Persönliches Markus Adams
geb. am 22. November 1963 in Köln
Eltern: Friedrich Adams
           Elfriede Adams, geb. Schröder

Schulbildung 1970 - 1974 Grundschule in Köln-Ehrenfeld
1974 - 1984 Städt. Apostelgymnasium in Köln-Lindenthal
Reifezeugnis vom 21. Mai 1984

Studium Wintersemester 1984 - Wintersemester 1991
Maschinenbau mit Fachrichtung Fertigungstechnik
an der RWTH Aachen
Diplomprüfungszeugnis vom 8. März 1991

Wintersemester 1986 - Wintersemester 1992
Betriebswirtschaftslehre an der RWTH Aachen
Diplomprüfungszeugnis vom 24. November 1992

Berufstätigkeit Während des Studiums sechs Monate praktische Tätigkeiten in verschiedenen Industriebetrieben

Juni 1989 - Februar 1991
Studentische Hilfskraft am Fraunhofer Institut für Produktionstechnologie, Aachen
Abteilung Planung und Organisation

Seit März 1991
Wissenschaftlicher Mitarbeiter am Fraunhofer Institut für Produktionstechnologie, Aachen
Abteilung Planung und Organisation